粤读时光——湾区遗粹（上）

Guangdong Old Days

Selection of Architectural Heritages in the Greater Bay Area Vol.I

广东省文化和旅游厅（广东省文物局） 编

南方出版传媒 花城出版社

中国·广州

图书在版编目（CIP）数据

湾区遗粹. 上 / 广东省文化和旅游厅（广东省文物局）编. -- 广州 : 花城出版社，2021.12
（粤读时光）
ISBN 978-7-5360-9651-6

Ⅰ. ①湾… Ⅱ. ①广… Ⅲ. ①古建筑—建筑艺术—广东 Ⅳ. ①TU-092.2

中国版本图书馆CIP数据核字(2021)第272112号

出 版 人：肖延兵
策划编辑：张　懿
责任编辑：陈诗泳
技术编辑：凌春梅
装帧设计：广州市耳文广告有限责任公司

书　　名	湾区遗粹．上 WANQU YICUI SHANG
出版发行	花城出版社 （广州市环市东路水荫路 11 号）
经　　销	全国新华书店
印　　刷	佛山市迎高彩印有限公司 （佛山市顺德区陈村镇广隆工业区兴业七路 9 号）
开　　本	787 毫米 ×1092 毫米　16 开
印　　张	17　1 插页
字　　数	400,000 字
版　　次	2021 年 12 月第 1 版　2021 年 12 月第 1 次印刷
定　　价	128.00 元

如发现印装质量问题，请直接与印刷厂联系调换。
购书热线：020-37604658　37602954
花城出版社网站：http：//www.fcph.com.cn

"粤读时光"《湾区遗粹（上）》

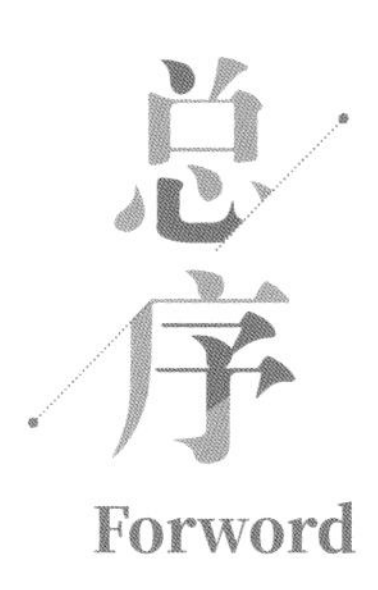

总序

Forword

由广东省文化和旅游厅（广东省文物局）编、广州市城市规划设计有限公司统筹的“粤读时光”丛书终于出版了，作为一个长期研究和爱好岭南建筑文化的学者，我感到特别高兴，表示衷心的祝贺。

从书名可知这套丛书的编撰目的为全面综述岭南地域建筑文化，弘扬岭南传统建筑文化精神。编撰团队深入调查研究了岭南建筑，从哲理层面上给予分析提炼，通过简练的文字、精美的图片，在这套丛书中将其生动地呈现在读者眼前。

我们一直认为保护优秀的岭南建筑遗产，主要是为了利用，保护和利用是分不开的，只有利用好才能进一步保护，保护好才有可能利用。出版本套丛书旨在让岭南建筑遗产更好地得到合理利用，让读者理解岭南建筑遗产的形象风格，传承岭南文物建筑优秀工匠的基因，从而能够创造出面向未来的岭南建筑佳作。

岭南文化自古以来是中原文化在岭南地区的沿继和发展。秦始皇分兵五路，越五岭入岭南，与原地先民汇合，融汇成华夏文化。据史学家研究，其中主流文化是赵佗从河南由江西、福建经水路，转揭西西进长乐，筑长乐台而逐渐融汇形成。公元前 207 年，秦亡，赵佗由龙川经东江与秦将任嚣相结合，一统岭南，建立南越国，在今广州中山四路一带筑起南越国宫苑。公元前 112 年，南越归汉，汉帝国进而统一岭南。

广东在中国南方拥有最长的海岸线，因海而兴，自原始社会就有以海为生的沙滩遗址。秦汉以前，岭南先民与南海各地有着广泛的海洋生活往来，是古代中国海上丝绸之路的主要地区。广州历来是岭南对外经济文化交流的中心之一，2200 多年来城址中心从未改变，世界前所未有。

漫长的历史岁月，使岭南大地积累了深厚的中华文明。在岭南地域可了解到东方文化的博大精深，令人向往，复兴岭南文化精神也就是复兴中华文化精神。

本套丛书是在当代学者的研究基础上，对岭南文物建筑精品调研的补充和发展。丛书内容全面，包含不少亮点，简列如下：

一、在严谨梳理岭南文物建筑研究的基础上，更为重视近现代建筑遗产。本套丛书增加了诸多关于近现代建筑方面的新内容，阐释了岭南近现代建筑遗产的新内涵。特别是突出近现代革命文物中的红色史迹建筑，而这些正是复兴中华文化、弘扬中华精神的重要内容。

二、强调了对外开放的文化复兴重要性。中国改革必须开放，自古以来，岭南地区对外开放交流的经验值得重视与总结，岭南近现代中西建筑结合发展的道路值得借鉴。尤其是自第一次鸦片战争始，广州成为中国反帝反封建的中心地和民主革命策源地，保留下来的文物建筑遗产众多，更具特色。

三、充分利用好现代技术手段。本套丛书收录的文物建筑图片清晰，拍摄精美，大气雅致。本套丛书在图面设计、内容编排、印刷制作等方面都体现出新时代的新风貌，图文并茂，雅俗共赏，著作的表现力与感染力很强。

四、更为突出岭南建筑的产生、发展与地域气候、环境的密切关系。气候的变化深刻影响着建筑风格的形成，从现代生态学角度来看待建筑景观的变化，特别是海洋文化与海上丝绸之路的中外交往，促进了岭南建筑的发展与演变。而地区与民族的交融，更催生出地域建筑发展的统一性、多样性和创新性。

五、增加了海防建筑、华侨建筑等类别建筑，丰富了文物建筑遗产内涵。过去由于种种原因，原本都属于岭南建筑的不同类别历史建筑，未能集于一册，而本套丛书真正做到了这一点，实现了这一愿望。

岭南是一个地域概念，既有气候分区因素，也有人文因素和地形地貌因素等。本套丛书在分类中对民族民系建筑文化特色有所反映，如粤中建筑文化以珠三角为中心，潮汕建筑文化以沿海的粤东韩江为中心，客家建筑文化以粤东山区东江为中心；粤西建筑文化分为三片，沿海湛江、海康为一片，高州、化州为一片，西江沿岸肇庆、封开为一片。这些不同片区的主流文化皆来自中原，因传播路线不同、历史时期不同、与当地先民结合条件不同等因素而产生文化差异，属于迁移文化，源在华夏，带有秦汉基因。另有一种现象显示，这些文化在差异中交流，在交流中同化，彼此间有着千丝万缕之联系。特别是在近现代，随着西方文化的输入，政治哲理思想发生深刻变化，岭南建筑文化出现了前所未有的复杂性、矛盾性与冲击性，提出了众多具有现代性与地域性的问题，本套丛书或许能够成为帮助大家思考和回答的可靠资料。

一般认为，建筑是时代文化的沉积物，是历代雕刻、书画艺术的综合体，既是时间与空间相结合的场景，也是史料塑成的石头。本套丛书收录了大量丰富的建筑照片，正是基于这样的一种依据。由于编撰者的思维观点与认知角度不同，我认为其所撰写的内容与拍摄的图片，是能够给读者带来独立思考，同样也可以引起百家争鸣的。

建筑既是生活资料，也是生产资料，是以经济为基础发展而成。同为岭南建筑，经济发展程度不同、发展时期不同、所处地区不同、所属阶层不同等，都会带来审美情操的差异与建筑形式的多样。古代一般将建筑分为宫式建筑、民间建筑、文人建筑、富商建筑、官僚建筑、休闲建筑、共享公共建筑等，虽各有营造法则和标准，但传统的工匠基因是一致的。我国自古代代相传的鲁班精神，一直影响着中国建筑文化的发展。岭南地区有着几千年的文明史，工匠创造出的建筑难以计数，但由于自然灾害、人为战争等原因，幸存下来仅有“九牛一毛”的文物建筑“遗粹”。广东省文化和旅游厅（广东省文物局）花费如此多的精力去研究、整理、撰写、编排与出版本套著作，实为难得，为序表彰。

邓其生

二〇二一年五月

概述

Introduction

广东，北依南岭，南临大海，《史记》称“南越”，《汉书》称“南粤”，泛指岭南一带地方。广东是岭南文化的中心地、古代海上丝绸之路的发祥地、中国民主革命的策源地、当代中国改革开放的前沿阵地。广东先民很早就在这片土地上生息、劳动、繁衍，用勤劳和智慧创造了光辉灿烂的岭南文化，留下了丰富绚丽的文化遗产。截至 2020 年底，广东省有不可移动文物 25000 余处。其中，世界文化遗产 1 处（开平碉楼与村落），全国重点文物保护单位 131 处，省级文物保护单位 755 处，市县级文物保护单位 5000 余处，包括古遗址、古墓葬、古建筑、石窟寺及石刻、近现代重要史迹及代表性建筑等不同类型。这些弥足珍贵的文化遗产资源，如同一颗颗珍珠散落在广袤的岭南大地上，生动展现了广东各个时期的历史轨迹与文化特色。

广东山川峻美，钟灵毓秀，独特的地理环境与深厚的文化底蕴，造就了广东文化遗产的多彩魅力。距今约 80—60 万年的郁南磨刀山遗址的发现，证实了广东作为中华文明发祥地之一和岭南文化中心的历史地位。这一时期人类生产力较低下，洞穴能够较好地为人类提供栖息场所并开展狩猎和采集活动，因此广东早期人类遗址主要分布在洞穴、河流两岸的山冈台地、滨海的沙丘与咸淡水之交的贝丘等地，如阳春独石仔遗址、英德青塘遗址、韶关石峡遗址等。此外，自秦汉以来，古代海上丝绸之路的形成使广东沿海地区留下了许多相关遗址、遗物，其中“南海 I 号”“南澳 I 号”是广东海外贸易的重要历史见证，是全国水下考古的重大发现。

广东历代古墓葬主要保存在古城、古镇、古村落周围的山冈丘陵地带。位于古城周边的古墓葬以广州象岗西汉南越文王墓最为知名，开石构墓室之先河；此外还有韶关唐张九龄墓、广州南汉德陵和康陵等。而位于古村周边山冈丘陵地带的古墓葬，以深圳屋背岭墓葬、惠州博罗横岭山墓群等较具代表性。

唐宋以来，广东地区逐渐形成广府、潮汕、客家、雷州等民系，由此衍生开发的古建筑种类丰富，形式多样，涵盖有寺庙、祠堂、古塔、学宫书院、民居、桥梁、园林等，无不反映出各民系的时代风格与地域特色。著名的佛教寺庙有肇庆梅庵、广州光孝寺和六榕寺、韶关南华寺、潮州开元寺等。光孝寺是岭南地区规模最宏大、历史最悠久的佛教丛林之一。南华寺是六祖慧能弘扬“南宗禅法”的祖庭之一。祠堂与学宫类建筑有广州陈家祠、潮州己略黄公祠、肇庆德庆学宫等。陈家祠用材考究，工精艺巧，绚丽夺目，堪称岭南蜚声中外的一颗璀璨明珠。潮州己略黄公祠是潮式古建筑中的杰出代表。肇庆德庆学宫是我国元代木构建筑的瑰宝，体现了古代工匠高超的工艺水平。广东古塔数量众多，其中始建于唐代的怀圣寺光塔是我国现存最早的伊斯兰教建筑之一。宋塔以广州六榕寺塔、南雄三影塔、连州慧光塔等为代表。

广东省现存古桥以潮州广济桥最为著名，其横跨韩江，居闽粤交通要津，是世界上首座启闭式桥梁，反映了我国宋代造桥的最高成就。广东园林多为官宦和商贾所建，多采用宅院一体的形式，规模或大或小，装饰上兼具江南园林的特色和西方文化的韵味。如东莞可园运用了“咫尺山林”的手法，陈芳家宅融中西方建筑艺术为一体，是研究广东地方史、华侨史及民俗的珍贵实体材料。广东民居因地理环境、民情风俗差异而各具特色。佛山东华里古建筑群是珠江三角洲广府城镇民居的代表性建筑。始兴满堂围是聚族合居客家民居的代表性建筑。潮州许驸马府是装饰考究潮汕第宅的代表性建筑。

在广东省的石灰岩分布区、红砂岩分布区与沿海的花岗岩分布区，都保存有数量众多、内容丰富的石刻遗存。广东最早的石刻可以追溯到新石器时代晚期，如珠海宝镜湾摩崖石刻。肇庆七星岩摩崖石刻是我国少有的庞大摩崖石刻群之一，其书法精湛、雕工精细、保存完整，是研究唐代以来西江地域的政治、经济和文化的重要实物资料。东莞却金亭碑是我国明代对外贸易和中泰两国人民友好往来的历史见证。

广东作为中国民主革命策源地，保存有众多重要的机构旧址、重要历史事件发生地、名人故居和近现代代表性建筑等文物古迹。广州大元帅府旧址、中共“三大”会址、国民党“一大”旧址、黄埔军校旧址、中华全国总工会旧址和广州农民运动讲习所旧址等是大革命时期国共合作推进革命走向高潮的见证。三元里平英团遗址、林则徐销烟池与虎门炮台旧址见证了广东人民不畏强暴、英勇抗敌的事迹。叶挺故居、叶剑英故居是中国共产党创建时期领导人的诞生地。清末至民国时期，受西方文化的影响，广东许多建筑都具有中西合璧的风格特征，表现出鲜明的地方风貌，如广州沙面建筑群、开平碉楼、广州圣心大教堂等。其中开平碉楼是华侨建筑中的杰出代表，被列入世界文化遗产名录。广州圣心大教堂是我国最大的一座哥特式石构建筑。中华人民共和国成立后，广东省出现了一些反映时代面貌和地方特点的建筑，如广州番禺紫坭糖厂、广州白天鹅宾馆等都带有鲜明的时代烙印。

广东文化遗产，蕴含了广东人民特有的精神文化价值，是生活在这片热土上的历代先民智慧的结晶，是广东人民创造历史文化的重要见证。为贯彻落实党的十八大、十九大精神和习近平总书记关于文物保护系列重要指示批示，探索符合广东实际情况的文化遗产保护利用之路，持续推动新时代文物保护、文物利用等工作迈上新台阶，广东省文化和旅游厅（广东省文物局）联合广州市城市规划设计有限公司出版广东省级以上文物保护单位丛书“粤读时光”。该丛书按照广东省区域划分原则（粤港澳大湾区、粤北、粤东与粤西），分成大湾区卷（《湾区遗粹》上、下）、粤北卷（《粤北筑迹》）、粤东卷（《粤东杰构》）与粤西卷（《粤西风物》）共五卷，以图文并茂、通俗生动的形式介绍广东省级以上文保单位的文物价值、文化内涵等方面的内容，展示广东文化、弘扬广东文化、传承广东文化。广东省级以上文物保护单位丛书“粤读时光”的出版，对于推动广东文化遗产保护利用事业、提升民族自豪感、进行爱国主义教育、弘扬岭南文化、推动文化旅游与经济发展以及建设广东文化强省均有着积极意义。

前言 Preface

《湾区遗粹》共两册，是“粤读时光”丛书之一，展现粤港澳大湾区珠三角九市（广州、深圳、珠海、佛山、惠州、东莞、中山、江门、肇庆）的省级以上文物保护单位风貌。本书作为《湾区遗粹》的上册，聚焦广州，全面展示了广州市 82 处文物保护单位（含国保、省保）的历史价值与文化内涵。

经过历时一年的实地采拍、记录，我们对这 82 处分布于广州各区的文保单位，有了更深层的感受与理解，通过本书，我们尝试用流畅的文字、生动的图片来讲述广州故事，延续广州记忆；书中内容兼顾科学性与通俗性，以遗产价值为脉络，为读者串联起广州城两千年的岁月之书，纵览广州文化遗产风华，阅尽此城千年沧桑嬗变。

黄花岗七十二烈士墓　中山纪念堂

广州农民运动讲习所旧址　光孝寺

黄埔军校旧址　南越国宫署遗址

壹 向大海敞怀，两千年的开放城

Embracing the sea,
this is an open city with 2,000 years of history

广州，地处珠江入海口，南临大海，北通中原，是国家首批历史文化名城之一。

距今五六千年前，广州地区已经有人类聚居生活，先民们临水而居，向海而生，创造出兼容开拓的地域文化。

公元前 214 年，秦统一岭南，建番禺城。公元 226 年，三国东吴分交州置广州，“广州”得名。云山护佑、珠水环绕的广州城，2200 多年来城址未移、中心未改，世界罕见。

古老的广州，孕育了悠久绵长的历史文化，形成了清晰厚重的历史文化遗产。截至 2020 年底，广州市有不可移动文物 3796 处，其中全国重点文物保护单位 33 处，省级文物保护单位 49 处，市区级文物保护单位 659 处。

广州的文保单位，尤以海上丝绸之路、民主革命策源地之遗迹最具代表性。一方面，广州自建城始，通过海路与世界各地开展贸易往来、文化交融、技术交流，和平友好交流 2200 余年从未中断，作为古代海上丝绸之路东端的重港与商都，广州是中西方文明交流互鉴的重要窗口。

另一方面，广州也是中国民主革命的策源地。这座古城作为最早直面西方现代文明的南风窗，深得风气之先，化身英雄之城、先驱之城，从第一次鸦片战争到孙中山领导的资产阶级民主革命，再到第一次国共合作，近现代多次社会变革和民主革命都策源于此，在广州留下了大量珍贵印迹——三元里平英团遗址、黄花岗七十二烈士墓、广州农民运动讲习所旧址、广州公社旧址、黄埔军校旧址、广州大元帅府旧址、中山纪念堂、中共第三次全国代表大会会址等近现代重要史迹及代表性建筑，无一不是广州近现代革命沧桑风云的历史见证。

南海神庙

2200 多年城址未移，为广州留下了清晰的历史脉络：上千年历史的莲花山古采石场、南汉二陵、北京路古道遗址等；2200 多年海上丝路未断的线索——南越国宫署遗址、南越文王墓、南海神庙及码头遗址、清真先贤古墓、怀圣寺光塔、光孝寺等；明代的广裕祠、五仙观及岭南第一楼、镇海楼、莲花塔、琶洲塔，清代的陈家祠堂、沙湾留耕堂、塱头村古建筑群等皆为岭南古建瑰宝，镌刻着广州的独有基因。

这些优秀的历史文化遗产，其所蕴含的历史信息、精神基因、情感理念、文化特质，既是广州悠久历史与灿烂文明的物质体现，也是今天增强文化自信、凝聚人心、推动经济发展所不可或缺的重要支撑。

6000 年的人文积累，2200 多年的城市文脉，需要我们去发掘、研究、保护和传承。

本册的编辑出版，旨在为我们追寻广州历史、品味广州遗产、弘扬广州文化，注入崭新的思考，辟出一条清新而瑰丽的探索之路。

贰 与山水和应，一座城的田园诗

In harmony with landscapes, this is an idyllic poem of the city

广州城，向外有汪洋接连四海，向内有水巷贯通八乡，水道纵横相通，贸易远近发达。人们依水而居，墟集逐水而立，水网交织出了广州城的迷人肌理。

北向，自江西绵延而至的苍莽九连山脉，在广州山势渐收；南边，则有汇聚百川的珠江，穿越一城繁华奔向南海。

山是屏障，护佑这片土地周全，可远离纷争离乱，可免受寒流侵扰；水则是血脉，路通财通，生机、商机江海相连，也因这接海连江、四通八达的水道，海上丝绸之路才能长盛不衰。

今天在广州城，那些带着岁月浮沉之痕的海上丝绸之路旧迹，映射出一座城用千载拥抱世界的魄力和胸襟。

无处不在的水既让广州人漂洋过海拥抱世界，也织成毛细血管般的水网，商品通过水网货如轮转——城北，在木棉村兴于明代的龟咀码头，从化各地的荔枝、番薯、木柴等各乡土产曾在此处装舱运出城区；城南，马涌上建于明代的云桂桥，与各乡各村的古石桥一起，保留了昔日广州的水乡风貌。

广州人对水的依赖依恋，也映射在建筑上，“水”的痕迹无处不在——屋顶常见龙船脊式样，傍水的村落常见的蚝壳墙、蚝壳窗……甚至在远离珠江主航道的钱岗古村，封檐板上也刻画着繁华热闹的珠江水岸风情。

广州人建村，也极其善用天赐的山水格局，在对本土气候特征的理解上，广州的人居体现了高度的东方智慧，山水之间的古村落，节能、高效，尺度舒适宜人，兼具与山水和歌的宁静美感。

广府村落常见的梳式布局，善于在大

环境里营造宜居小环境，如在花都塱头村，村落背有靠山，面朝风水塘、河流，背山面水的建筑群，按广州的夏季风向南北向排列，风水塘地势最低，祖堂、各支祠堂与书院占人居之首，一排排依次向山布列，地势渐高。

依风向布列、背山面水的格局，风水塘水域与村落建筑的热力差异，更易形成热力环流，源源不竭地对流穿堂入室；而人居与人居之间，南北向的窄巷，形成聚气藏风之效应，故天气炎热的夏天，广州的人居依旧凉风习习。

水流经巷中水渠级级排放到风水塘中，塘中往往密植荷花和编织草席用的蔺草，放养鱼与水禽；旧日广州人居，便是这一派山水相映、草木繁荣的田园画卷。

塱头村的山水格局

钟楼古村巷道整洁

至今行人如鲫的云桂桥

钱岗村封檐板上江岸风情图

余荫山房水上游廊

狭长的冷巷利于拔风

沙湾古镇蚝壳墙

锦纶会馆蚌壳窗

叁 为大地祈福，刻满爱的心憩所

Blessing for the earth, this is a rest place of heart engraved with love

村落布局前塘后山、村居地势前低后高，高耸狭长的青云巷分布两侧，屋宇节节向上又纵横有序，整体格局，无不利于藏气生风，既顺应天时地利，也体现长幼有序、敦亲睦邻的秩序之美。

人居聚落中最重要的建筑——祠堂与书院，最靠近风水塘，村落以宗族亲情产生无比坚固的连接，广州人倡导渔樵耕读、读书与劳作并举，而代表家族荣耀的功名旗杆，设于祠堂之前，以文韬武略之荣耀，树一村之自尊自强。

祠堂为大，往往不吝物力、人力，以巧工与珍材构筑百年长青的华屋美厦；祠堂内设有聚贤堂、月台，以供族人进行春秋祭祀和议事聚会，族中红白喜事，皆在此间开幕谢幕。所以，祠堂在广府村落里，是灵魂般的重要存在。

除了秩序感，广府人自有一套完整的人居美学体系，例如建筑外观中，极富识别度的封火墙，长期以来虽有马鞍式封火墙、水形封火墙等各种形制并存，但在所有形制中，被设计成官帽形状、意寓独占鳌头的好彩头，又起到隔火消防、挡风入巷作用的镬耳封火墙，在广府地区最受追捧。

层层叠叠、气势巍峨的镬耳山墙，虽造价高昂，但在广府核心地的广州，却拥有根深蒂固的美学信仰。

事事合意的好意头，也反映在广府建筑的方方面面：祠堂边多有神佛庙宇同列，水巷纵横的广州，多有敬奉司水的北帝和南海神，如茶塘村的祠堂街，就建有洪圣古庙，这处南海神的享地，山墙对应为五行的水；而村中巷中，必奉有土地之神龛；入宅的天井，必以天官赐福照壁求个神明照拂、家宅平安。

这处物阜民丰的广府核心之城，财富涌动的富贵乡，建筑之美让人眼花缭乱。其建筑装饰之繁复者，形式之自由奔放者，每每让人惊叹。

广州的建筑，多饰以华美而多彩的陶塑、灰塑、砖雕等建筑艺术元素和手法，蕴含美好愿景的纹饰、图样，尤能体现广府人的精神追求，同时亦是一幅幅鲜活的广府生活风情画——资政大夫祠里的杏林春燕砖雕，假以唐代科举春季的杏花时节放榜、中榜欢宴——杏林春宴（燕）之典故，以寓登高及第、富贵吉祥之心愿。

以谐音带出美好寓意的纹饰在广府建

木棉村的梳式布局

资政大夫祠风水塘前的祠堂群

筑中被大量运用——祠堂建筑，常出现岭南水果三稔（一种极酸的阳桃），就是采用好酸（孙）之谐音，以寓母慈子孝、人才辈出，宗族血脉瓜瓞绵延。

纹饰中八宝、四艺、百福（蝠）、如意、瑞兽、吉鸟，以比喻、谐音、借代、通感、联想等手法——菊花与喜鹊寓意举家喜庆，菊花与松树寓意益寿延年等，来表达对生活的美好祝福。

心之安处，便是饱蘸美好期盼、事事皆喜乐之所在。

善世堂正门后是巍峨仪门

茶塘村前的洪圣古庙

寓意吉祥的如意斗拱

流畅的卷草饰脊

永不缺席的土地神龛

旗杆夹

赐福照壁

布满祥瑞图案的木雕

肆：融汇与包容，创作上的无穷变

With endless variations in creation, this is the city of integration and inclusiveness

除了被赋予种种美好的寓意，在功能上，广州人的古建也从本地的气候条件出发，匠人匠心群策群力，以巧思妙想营造宜人居所。

广州多雨，地气湿热，在大格局规划上，大多采用前塘后山、狭长冷巷的聚气拔风设计，落到细微处——以阶砖铺地，既美观又防潮；屋宇多用石脚落地，地基坚固又防潮；以透气性强，吸水性好，耐磨坚固的青砖作墙，既防潮透气，整体观感也素雅大方；巷道多为青石板地面，结实耐用又能防雨天路滑。

建筑构件，亦多从适应本土气候为考量，大多结构轻盈、通透，斗拱如是，采光与通风兼用的漏窗如是。入门则有趟栊门引风纳凉，再进则以天井开光迎风；屋宇深长，以避日照长驱。在人口稠密的市中心商业区，雨天路人畅行无阻的连片骑楼，前低后高、易于拔风的深长竹筒楼、西关大屋，也同样是广州人的宜居之典范。

于大处布局，于细微用心，昔日广州人的建筑，宜家宜室。

广州的建筑，远不止步于本土原创。无论是宗教、贸易、文化交流，广州很早就开始了东西文化间影响和融合，建筑亦是体现这种影响的重要载体。

两千年里，佛教来了，留下众多影响深远的名刹。佛教在这片土地上与本土文化相互影响、相互融汇，亦是在广州这处包容之地，念出“非风动，非幡动，仁者心动”佛偈、受排挤而颠沛多年的六祖慧能，才得以在东晋就创立不持门派狭见的光孝寺，重归佛教正统、剃度弘法。

阿拉伯的先知们也来了，伊斯兰教教士宛葛素主持过的光塔，至今巍峨耸立。当年以它为原点，聚集了各种行当的阿拉伯客商，多时达十万之众。

天主教亦来了，同样在江边建起了广州圣心大教堂，由广东石匠指挥能工巧匠们以东西融合之智慧，催生出一朵建筑学上的奇葩。

融汇不止从异邦而来，还多受中原诸地文化的影响。自秦开始，广州城 2200 余年未换城址，北京路古道遗址，自唐末南汉起，就是车马喧闹的官道。自南朝开始，士族大量迁往政局安稳的岭南，开始了由北向南的文化大融合——宋末开始的钱岗古村，其间的广裕祠则保存有北方常见的照壁结构，明代的五仙观记录下中原传来的官式建筑 的做法。

融汇、包容，是广州建筑永恒不变的核心特质。广州的建筑，也留有东方西方在审美上的对话：西方的彩色玻璃和满族人带来的窗格形式，再加上岭南人爱的岭南花鸟，便派生出新的建筑装饰语言——满洲窗；东方的斗拱形制及其他东方基因的建筑语言，换上西方的材料，便有了百看不厌的伟大建筑——中山纪念堂。

广州城遗存于世的建筑，正是在两千年的“不变”当中，为我们记录下精彩纷呈的无穷变化。

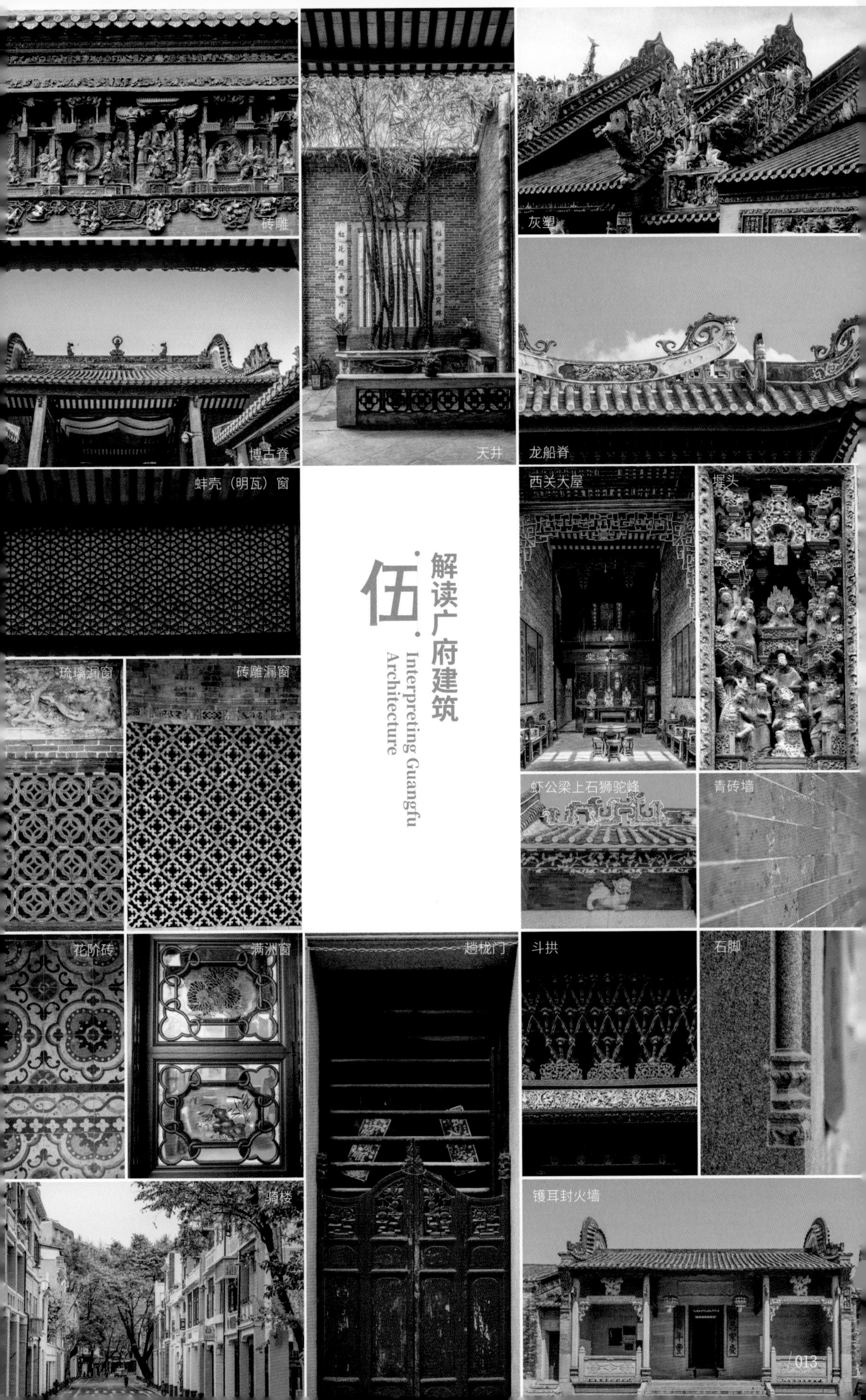
砖雕
天井
灰塑
博古脊
龙船脊
蚌壳（明瓦）窗
伍
解读广府建筑
Interpreting Guangfu Architecture
西关大屋
握头
琉璃漏窗
砖雕漏窗
虾公梁上石狮驼峰
青砖墙
花阶砖
满洲窗
趟栊门
斗拱
石脚
骑楼
镬耳封火墙

CONTENTS

目录

第四章

Calligraphy Aroma

翰墨之香

岭南中心文化城

诗养精神墨定乾坤，饱读诗书唯求真意——
此地人读书不求功名闻达，以求真求实为本、求治国安邦之策为愿，上下求索，无一不是实干之精神。

第五章

Source of Revolution

策源之地

革命光辉英雄城

富庶之邦总有热血，先锋之地长育忠魂——
中国近代史上，唯此处有如斯多的灿如星汉的闪亮名字，他们或在广州留下光耀至今的足迹，抑或在此以一片丹心托身青山。

第六章

Region of Fusion

融汇之境

多元文化遗产城

多样信仰各自相安，多种民族彼此交融——
从未中断的东西对话、南北交融之城，各种信仰、各类文化、各色人等，都在此找到扎根的沃土。

1 第一章 千年之城
Millennium Capital

历史悠久古都城

2 第二章 海丝之都
City of Maritime Silk Road

丝绸之路港口城

注: ● 全国重点文物保护单位
○ 广东省文物保护单位

3 第三章 宜民之乡
Livable Town

广府文明核心城

4 第四章 翰墨之香
Calligraphy Aroma

岭南中心文化城

5

第五章 策源之地

Source of Revolution

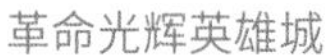

革命光辉英雄城

P158

注：● 全国重点文物保护单位
○ 广东省文物保护单位

6 第六章 融汇之境 Region of Fusion

多元文化遗产城

第一章

千年之城

Millennium Capital

在交错纷杂之历史层中，
城墙是证据、路砖是证据、一井一磉无不是证据。
此城太好，物阜民安，繁华未曾终歇。

粤海關
宋元时期路面

2200 多年来未易城址，一砖一瓦皆有故事。

人工无意夺天工，千年石场蕴莲香

Artificiality woks better than the Nature unconsciously and Millennium Stone Field contains the Lotus fragrance

南粤先民在此大规模采石，无意间造就山中岩洞潭壑的千姿百态，有如大自然的鬼斧神工。

<< 全国重点文物保护单位

2001.06 第五批

莲花山古采石场

Ancient Quarry at Lianhua Shan (Lotus Hill)

年代：西汉 — 清

地址：广州市番禺区莲花山旅游区内

古时莲花山东临狮子洋，西隔水道与番禺大谷围相望，这样的地理位置使得莲花山上的采石场，拥有了非常好的运输条件。遥想当年，在这里开采的石料由水路运到广州城乃至广东各地，广泛用于岭南地区建筑官府署衙、街市城垣、祠堂庙宇、陵墓桥梁等处，故此地有“营城之源”之美誉。

莲花山冈表土下的赭红色砂砾岩，相比于受流水侵蚀、风化等作用构造的丹霞峭壁，大多没有外露，其丹霞群岩层原生地貌较为和缓起伏。

从西汉迄清两千多年里，人们就以切割式凿岩法在此开采石料，从山南的莲花山起，偏东至莲花山渔港折向北，延伸长约3000米，留下的采石工作面平均高25米，最高处达40米，开采面积约33万平方米。这是西汉南粤先民以人力“雕琢”而成逶迤数公里的石景奇观，至今仍保留着古代采石时留下的石柱、石板及大量未及运走的石料。

在悬崖峭壁上，钎痕历历，桩孔累累，历经世代采石，莲花山削出了崖壁，挖出了岩洞，各式石门、石桥穿插连接，山势陡峭嶙峋，生出“似比天工高”的千姿百态，尤以燕子岩、莲花石、狮子石、白象岩、八仙岩、飞鹰崖等为胜概。

从对广州南越王墓石材的岩性组合、岩石特征、风化程度等方面比照，又与广州近郊、南海西樵山等地区的岩石做鉴定、对比，可推断南越王墓主要石材很可能来自莲花山古采石场，古采石场的地位可见一斑。

历史悠久、规模巨大的莲花山古采石场，为研究岭南地区的古代遗存和建筑材料提供了重要的实物依据，它充满了比天工更为雄奇的人力之美，堪称“实干兴邦”的历史瑰宝。

Date: Western Han Dynasty — Qing Dynasty
Address: Lianhua Shan(Louts Hill)Tourism Area, Panyu District, Guangzhou

Ancient Quarry at Lianhua Shan (Lotus Hill), which is composed of red conglomerates, started to quarry stone materials since at least the Western Han Dynasty. After generations of quarrying, the relatively gentle original landform of the Lianhua Mountain became steep. The exploitation area covers about 330,000 square meters, and there are still stone pillars, slabs and large quantities of stones left over that could not be removed.

图注

1. 先人用切割式凿岩法开采石料
2~4. 千姿百态的石景奇观，悬崖峭壁上桩孔累累

2

3

4

这处南汉皇室的 *御花园*，很长的时间里，都是文人骚客的朝圣地。

不见长生不老药，但见文人墨客『打卡』点

Medicine of immortality you won't see but the literati's check-in location

<< 广东省文物保护单位
1989.06 第三批

药洲遗址

Yaozhou Ruins

年代：五代
地址：广州市越秀区教育路

Date: Five Dynasties
Address: Jiaoyu Lu, Yuexiu District, Guangzhou

"Yaozhou" is a royal garden built by the Southern Han Kingdom. According to legend, the emperor Liu Yan refined elixirs on an island of the garden, hence its name. After the Song Dynasty, it became a resort for scholar-officials, and they left behind plenty of inscriptions, making Yaozhou a rare garden with long history and abundant calligraphic works in China.

图注

1. 碑廊
2. 九曜石遗存
3. 按米芾题药洲石刻所制匾额
4. 九曜石遗存

五代时期，南汉国定都广州，改称兴王府，此时园林营建十分繁盛，药洲便是其中保存下来的真正南汉国园林遗迹。

南汉皇家造园在继承唐代皇家园林规模宏大、注重水系和广植树木等特点的基础上，结合岭南当地特色，将岭南园林建设提升到一个历史高峰。如今越秀区西湖路一带，当时尚属广州城西一片积水谷地，南汉王朝充分利用这片天然谷地，将其凿成一座大湖，建造皇家宫苑，称“南宫”，宋代以后称作“西湖”，又叫仙湖，如今的西湖路便是得名于此。据史料记载，昔日西湖水面宽阔，长 500 余丈，湖中建有沙洲岛，遍植鲜花珍药，相传南汉皇帝刘龑常常在岛上聚集方士，炼制药丹，故称“药洲”。药洲园林的主景是湖、洲，配景是花、石。药洲置有名石九座，称“九曜石”，以其布列顺应天上的星宿取名。药洲山石如林，水波缥缈，烟雾空灵，仿佛人间仙境。

宋代以后，药洲成为士大夫泛舟吟诗游览的避暑胜地。湖畔曾建有濂溪书院，理学始祖周敦颐曾寓居于此，爱石成癖的大书画家米芾也曾慕名而来。明朝时，“药洲春晓”被列为羊城八景之一。明代以后，湖面逐渐淤塞缩小，现仅在南方剧院北侧留存一泓碧水，面积约 1500 平方米。

1988 年，药洲遗址经过修缮，埋于地底的景石得到提升。1993 年重新设计建造了仿五代风格的门楼和碑廊。千余年来，文人名士抱羡药洲九曜石，留题赋诗，立碑刻石，至今保存历代碑刻数十方，其中以宋代书法家米芾题刻的“药洲”最著，使药洲成为一处富有历史、艺术价值的园林胜迹，更成为国内罕见的千年园林遗址。

1

南汉二陵是对**五代十国**考古的重大发现，
对研究南汉国的历史具有重要意义。

2

汉风唐韵南汉国，偏安一隅拥五代之珍

The Southern Han Kingdom with Han style and Tang charm, stayed quiet in a remote corner, and possessed treasures of the Five Dynasties

<< 全国重点文物保护单位

2006.05 第六批

南汉二陵

Two Mausoleums of Southern Han Kingdom

年代： 五代
地址： 广州市番禺区新造镇

Date: Five Dynasties
Address: Xinzao Town, Panyu District, Guangzhou

Two Mausoleums of Southern Han Kingdom refer to the Deling mausoleum of the emperor Liuyin and the Kangling mausoleum of the emperor Liuyan. The two mausoleums preserve relatively complete structure and quantities of porcelains in the Five Dynasties, thus providing important information about the Southern Han Kingdom.

南汉国为五代十国之一，曾称“大越国”，定国都于广州。南汉二陵包括南汉烈宗刘隐的德陵和南汉高祖刘岩的康陵，位于广州市番禺区新造镇北亭村。德陵和康陵虽早年已被盗，但墓葬结构仍保存比较完整，亦出土了一批重要的文化遗物。

德陵是南汉奠基者烈宗刘隐的陵墓，位于北亭村青岗北坡，2003 年进行清理。德陵坐南朝北，为带墓道的长方形多重券顶砖室墓。在墓道与封门相接处出土了 272 件青瓷罐和釉陶罐，此批青瓷器胎质坚硬、釉色晶莹透亮，是五代青瓷的上品，这是广州首次发现数量如此之众的五代瓷器，为研究五代十国陶瓷器提供了宝贵的实物资料。

康陵是南汉高祖刘岩的陵墓，位于北亭村大香山南坡，与德陵相距 800 米。康陵依大香山南坡的地势呈南北分布，分地面建筑和地下玄宫两部分。地面建有长方形陵园，陵园四周绕以陵垣，四隅有角阙。陵台位于陵园中部偏北，为砖包土的方座圆丘结构。这种建筑形式比较独特，改变了汉唐时期陵台以方为贵的传统。2003 年，考古学家对该陵进行发掘，地宫在陵台正下方，为带墓道的长方形多重券顶砖室墓。墓前室横立石哀册文一通，保存完好，首题“高祖天皇大帝哀册文”，共 1062 字，明确记载了墓主的身份和年代。

南汉二陵是目前国内发掘的为数不多的五代十国时期王陵，无疑在历史、科学、人文、艺术等方面都具有特殊的价值。康陵陵园围垣四隅双角阙和陵前设廊式建筑的建制也与历代陵寝制度有所不同，为研究我国古代陵寝制度的发展，提供了重要资料。

南汉二陵对于研究南汉国的历史也具有重要的意义，2006 年南汉二陵作为五代时期的古墓葬，被国务院公布为第六批全国重点文物保护单位。

图注

1. 康陵陵园北区航拍
2. 德陵墓室封门及墓道器物箱
3. 德陵墓道出土青瓷盖罐
4. 康陵哀册文碑细部
5. 德陵外拱券及夹墙

北京路 *是见证广州城市发展史的活化石，*

与千年时光共舞缠绕。

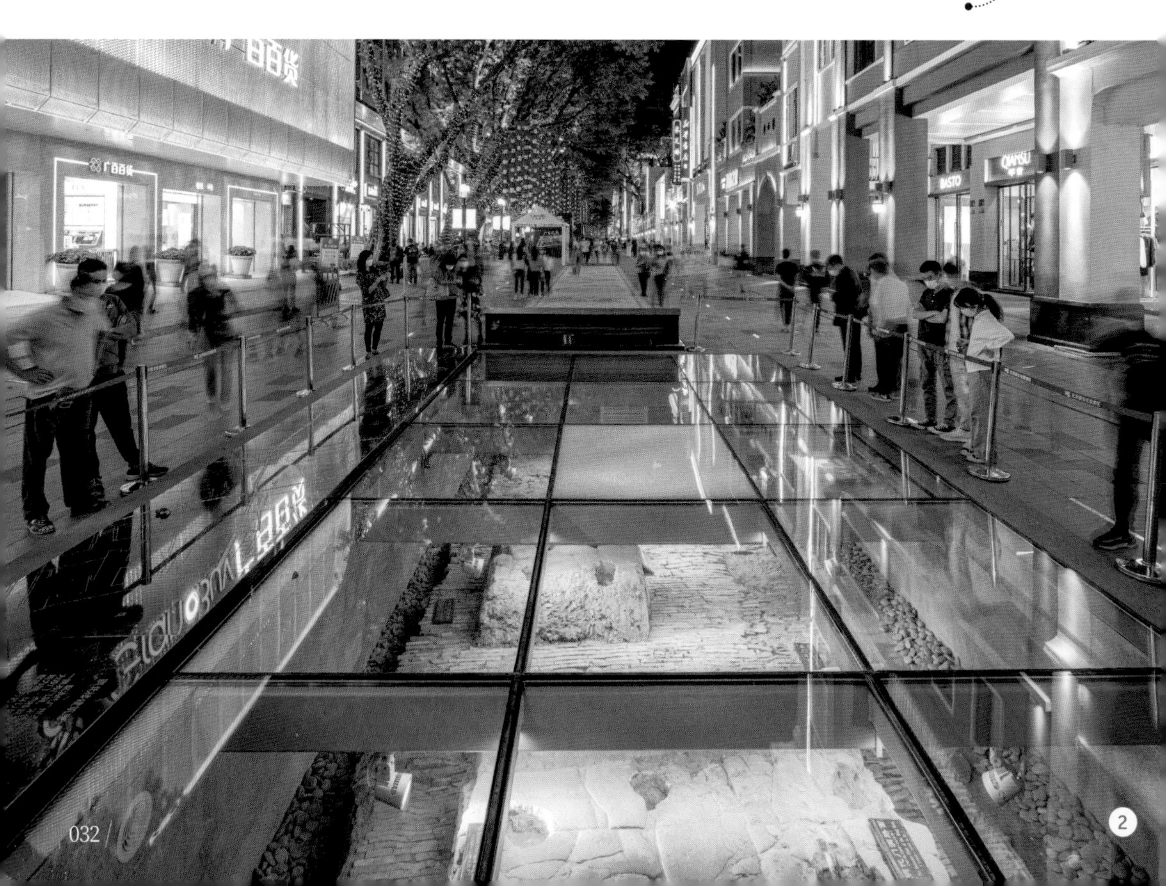

广府文化源地，千年商都核心

The birthplace of Guangfu culture and the core of the millennium commercial center

<< 广东省文物保护单位

2019.05 第九批

北京路古道遗址

Ancient Site of Beijing Road

年代： 唐 — 民国
地址： 广州市越秀区北京路商业步行街

Date: Tang Dynasty — Republic of China
Address: Pedestrian Section of Beijing Road, Yuexiu District, Guangzhou

Beijing Road is located in the center of Guangzhou city, and is the birthplace of the city. Ancient Site of Beijing Road was excavated in 2002. 11 stratums were found, spanning from the Republic of China to the Tang Dynasty. Beijing Road was the urban central axis and the most busiest commercial area of Guangzhou in history.

图注

1. 千年古楼遗址与现在的北京路
2. 层层叠加的北京路古道遗址
3. 北京路宋代构件遗存
4. 广州古城复原模型

3

4

地处广州市中心的北京路，是历史上最早建立广州城的位置之所在，从古至今，这一带都是广州地区最繁华的商业地带。

北京路古道遗址发掘于2002年，共发掘出民国、明代、宋元、南汉、唐代5个历史时期的11层路面。考古表明，在唐代以前，这一带曾是河涌滩涂地段，后经历朝历代的修筑延伸，北京路成为连接府衙与城门的官道，成为广州古城千年不变的中轴线。

第一次走进北京路步行街的人，常常有一种时空错乱的混沌感觉：抬头望去，闪动的LED屏与仿古木窗并肩，留存的骑楼与不远处的高楼交会，老字号与新潮流齐齐落脚在这条街上；低头看向路面，玻璃罩之下，是由唐代至民国层层叠加的11层古道遗址。这重重叠叠的路面，将千年来广州的废兴成毁，以如此直观的方式陈列在今人面前，陈列在这行人如织、名店林立的步行街上，这一部广州千年史诗的11个章节，章章无声而章章惊心动魄。

自明清以来，北京路附近逐渐聚集成为一条娱乐百货、茶楼酒家、商铺遍地、食肆林立的繁华商业街，也是售卖文房四宝、古董字画和中外书籍的书香文化街。

而在中国近现代史上，北京路也曾写下了许多惊风雨、泣鬼神的篇章：孙中山先生曾在这里设立革命组织兴中会广州分会，策划举行“乙未广州起义”，这是先生从事革命活动后组织的第一次起义，为推翻专制王朝、建立共和国家揭开了崭新的历史篇章。

2020年，北京路商业步行街完成古道遗址修缮与街道改造提升，这条古老的街道，洗尽千年的风霜，站在新起点上，以勃发之新姿，迈向未来。

越秀晨曦，镇海层楼，**英雄城市**，古垣见证。

任岁月沧桑而无声陪伴，从镇海楼与明城墙看广州光阴脉络

The time context of Guangzhou is seen from Zhenhai Tower and Ming City Wall, which keep silent in the long vicissitudes of time

<< 全国重点文物保护单位

2013.03 第七批

镇海楼与广州明城墙

Zhenhai Tower & The Ming City Wall of Guangzhou

年代：明 — 民国
地址：广州市越秀区越秀公园内

Date: Ming Dynasty — Republic of China
Address: Yuexiu Park, Yuexiu District, Guangzhou

The Zhenhai Tower was built on the highest point of the wall. It's one of the best-preserved and the most overwhelming ancient buildings in Guangzhou.
The Ming City Wall remains about 1100 meters today. It's the last existing city wall from Ming Dynasty in Guangzhou and the oldest city wall in Guangzhou.

图注

1. 航拍镇海楼与广州明城墙
2. 镇海楼前的炮台见尽沧桑
3. 融入春景的明城墙
4. 古榕与明城墙

两千多年历史的名城广州自然不乏名楼高阁，但至今仍巍然屹立、声名远播，历史逸闻不断、名人吟咏最多的，当数镇海楼，因楼高五层，老广们亲切地叫它“五层楼”。

镇海楼始建于明初洪武年间（1368-1398），当时镇守广州的永嘉侯朱亮祖大规模扩建广州城，将广州城北面的城墙扩修至越秀山上，在山北城墙的制高点建了这座城楼。因雄踞高位，登上此楼全城尽览、海天在望，故初名望海楼。

镇海楼是广州现存最具气势又极富民族特色的古建筑之一，第一、第二层用红砂岩条石砌成，三层以上为砖墙，外墙逐层收减，似楼似塔，红墙绿瓦，造型古朴独特，整体翘檐飞脊，气度非凡。明末清初诗人屈大均盛赞镇海楼山海形胜、伟丽雄特，“可以壮三城之观瞻，而奠五岭之堂奥”，康有为、丘逢甲等人亦在镇海楼饱览壮美景色，以激越诗句抒发昂扬的人生抱负。

明城墙现存总长度为 1100 余米，古城墙逶迤横跨越秀山，延伸至丛林深处，是广州迄今发现的现存最古老的城墙，已逾 600 年历史。

越秀山明城墙是明清广州城北门一带的制高点，历来为兵家必争之地：第二次鸦片战争期间，清兵与英法侵略军曾在此展开激烈交战。1923 年，孙中山在广州任大元帅期间，曾亲自坐镇五层楼，指挥军队在古城墙布防，抗击前来进犯的叛军。

镇海楼与明城墙便是广州这座英雄城市的历史见证。

沙面岛 百年 樟影榕荫，一岛欧陆风情建筑，

这座广州“西洋建筑的露天博物馆”，记录着中国近代租界史的辛酸岁月。

斑驳墙影西方建筑大观园，古树根盘中国唯一租界人工岛

Western architectures stand together here with mottled wall shade, and here is the only concession artificial island in China with many old trees

<< 全国重点文物保护单位

1996.11 第四批

广州沙面建筑群

Colonial styled Architecture Group of Shamian, Guangzhou

年代： 清
地址： 广州市荔湾区珠江白鹅潭畔

Date: Qing Dynasty
Address: Bai'e Pond, Pearl River, Yuexiu District, Guangzhou

图注

1. 沙面天主教露德圣母堂
2. 欧陆风情画般的街景
3~4. 浓荫匝地，入岛满目青葱

一带珠水隔绝城市的烦嚣，沙面岛静静藏于广州老城西南一隅，岛上清代至民国时期的租界建筑群，无声地见证着中国近代史与租界史。

鸟瞰珠江白鹅潭畔，一百多年前的沙面有个美丽的名字——拾翠洲，那时它还与陆地相连，是临江的一块沙洲。明清时此地曾设码头、建炮台、筑城垣，成为广州城的江防要塞，扼守省城西南边防。第二次鸦片战争后，英法侵略者以“恢复商馆洋行”为借口，强租沙面。英法殖民者在上面挖沙基涌、修护河堤、填土筑基，从此一座独立的沙面岛被人工“建造”出来，成为我国最早的租界之一，也是我国唯一的“租界人工岛”。

沙面岛内以沙面一街为界，西为英租界，占全岛五分之四；

百年时光流转，沙面早已翻开新的篇章，
唯百年西洋房那斑驳的外墙，还写满了 **岁月** *的细碎印记。*

Shamian Island lies in the southwest of Guangzhou. After the Second Opium War, invaders occupied the island forcibly and built houses. Since then, the island became one of the earliest concessions in China and the only artificial island for concessions in China.There were consulates of various countries, and Shamian is the most exotic place in Guangzhou for modern European architecture, known as the "Open Air Museum of Western Architecture".

东为法租界，占全岛五分之一。此后的半个多世纪中，英法领馆和金融机构纷纷拥入沙面岛。19 世纪末至 20 世纪初，岛内各建筑设施已基本建成。全岛以道路网分隔为 12 个区，内有领馆、兵营、教堂、银行、邮局、电报局、商行、酒店、冰厂、发电厂和住宅，还有俱乐部、酒吧、码头、网球场、公园、游泳池等娱乐设施，全岛以东、西两桥与外相连，两桥由英法两军看守，国人不得入内。太平洋战争爆发以后，沙面的英法租界机构纷纷撤离沙面。二战后，中国政府收回沙面租界主权。

沙面的历史意义非凡，百年来，小小的沙面岛多次成为中国近代史的主角：1924 年 7 月沙面洋务工人罢工；1925 年 6 月 21 日沙面洋务工人参加省港大罢工，同月 23 日爆发沙基惨案……任岁月流逝，沙面岛的历史，都应成为广州人不可磨灭的记忆。

当年的沙面岛亦是各国驻广州领事馆的集中区域，故岛内的西洋建筑风格多样——新古典式、折中主义式、新巴洛克式、拱券廊式、仿哥特式等。当时在西方风行的建筑式样遍布小岛，沙面便犹如近代欧洲建筑式样的实验场，也是一座让人眼花缭乱的“西洋建筑露天博物馆”。

1996 年，沙面由国务院公布为全国重点文物保护单位，岛内被列为全国重点文物保护单位的建筑多达 50 余处，如汇丰银行旧址、露德天主教圣母堂、海关馆舍旧址（红楼）、渣打银行旧址、沙逊洋行旧址等，很适合慢行其中阅读时光。

百岁的香樟、榕树早已华盖参天、枝叶婆娑，街道纵横有序、楼宇华美整洁，处处浓荫匝地、鲜花似锦。今天优雅静美的沙面，成为游客流连的慢溯之岛，他们或捕捉建筑群的曼妙光影，或寻觅昔日岁月的旧痕，一页一页地阅读沙面的百年时光。

图注

1. 海关馆舍（红楼）旧址
2. 法国传教士住宅楼旧址
3. 汇丰银行（英）旧址
4. 浓密绿荫下精致的西式阳台

扼守珠江口的灯塔，是广州航海史的见证者

The lighthouse safeguarding the Pearl River Estuary is a witness to the maritime history of Guangzhou

<< 广东省文物保护单位

2015.12 第八批

金锁排灯塔

Jinsuopai Lighthouse

年代： 1906 年
地址： 广州市南沙区虎门水道

Date: 1906
Address: Humen Waterway, Nansha District, Guangzhou

Jinsuopai Lighthouse is located on the Jinsuopai Reef - east side of Shanghengdang Island at the Pearl River Estuary in Nansha District, Guangzhou. Before the Opium War, Lin Zexu once installed wooden rows and iron chains here. Built in 1906, Jinsuopai Lighthouse is the earliest lighthouse for voyage in Guangzhou. In March 1993, the lighthouse was shut down due to the construction of the Humen Bridge, however, its historical significance is still far-reaching.

金锁排灯塔位于广州南沙珠江口上横档岛东侧的金锁排礁。在珠江流域一带，小的礁石被称为“排”，金锁排礁曾在鸦片战争时被称作饭箩排。鸦片战争之前，林则徐曾在上横档岛和此礁上与东莞靖远台之间安设木排铁链，可开可合，成为虎门要塞拦江截舰的“金锁铜关”，后因在该礁石上建造了拦江铁排而被后人称为“金锁排”。

金锁排灯塔始建于清光绪三十二年（1906），为当时广州海关所建造，至今已有 100 余年。灯塔与威远炮台隔水相望，是虎门水道上的著名标志性建筑，也是广州最早的航海灯塔，对于研究广州航海发展进程具有重要意义。

金锁排灯塔最初使用煤油灯作为光源，之后改用乙炔灯。1987 年 9 月灯塔进行现代化改造，方塔上加白色圆形玻璃钢，采用太阳能和风能作为能源。改造后的灯塔高 28.4 米，目标显著，对保障过往船舶的安全航行具有重要意义。

1993 年 3 月，由于虎门大桥的桥墩建在金锁排礁上，该灯塔被遮挡，因此停止使用。虽然导助航行的效能减弱，但金锁排灯塔的航标文化依旧长存。2015 年，该灯塔入选广东省文物保护单位，它将永久屹立于虎门水道，继续见证历史变迁，守护船舶航行安全。

图注

如今在虎门大桥下的灯塔，是当时广州最早的航海灯塔

珠江口上的夜明珠，蓝天碧海间的『白灯塔』

Luminous pearl on The Pearl River Estuary and the "White Lighthouse" between the blue sea and blue sky

<< 广东省文物保护单位

2015.12 第八批

舢舨洲灯塔

Shanbanzhou Lighthouse

年代： 1915 年
地址： 广州市南沙区舢舨洲

Date: 1915
Address: Shanban Island, Nansha District, Guangzhou

Shanbanzhou Island is of great significance to Guangzhou. It has a dangerous terrain and guards the main channel of Guangzhou. Shanbanzhou Lighthouse was built in 1915, guiding countless ships passing through the Guangzhou port safely, known as the "Pearl of the Night on the Estuary of the Pearl River".

图注
通体白色的舢舨洲灯塔，是珠江口上夜明珠

建于 1915 年的舢舨洲灯塔同样是广州的标志性灯塔，这座被誉为“珠江口上的夜明珠”的百岁灯塔，是昔日广州海关所建。舢舨洲所处的位置，正是“龙穴之口、虎门之喉”，扼守于繁荣了千年的海上丝绸之路的来往要冲。

地形险要的舢舨洲由礁石组成，四周遍布险滩、暗礁，仿如奔向沧海的一叶舢舨，是珠江拥抱大海的第一礁。正是由于舢舨洲灯塔和金锁排灯塔的存在，为来来往往的船只导航引路，虎门水道一直是云樯千里、货如轮转的黄金水道。百年至今，舢舨洲灯塔仍在为珠江主航道上穿梭如织的航船，在茫茫长夜中指引前进的方向，它是数不清的游子心底欣喜若狂的那抹暖色，家的暖色。

舢舨洲灯塔耸立于舢舨洲的顶部，塔高 5 层、约 20 米，钢筋混凝土结构，由法国人设计。灯塔为乳白色，故又被称为“白灯楼”，在蓝天碧海的映衬下，显得异常醒目。

舢舨洲灯塔可谓近代灯塔发展史上的一个微缩博物馆——灯塔最初安设电石灯头，中华人民共和国成立后更换成乙炔灯；1982 年，舢舨洲灯塔成为我国第一批采用太阳能供电的灯塔之一；此后又陆续安装了雷达装置、风力发电机、电雾号等最新式设备，成为一座可全天候工作的现代化特大型灯塔。

通过舢舨洲上的这座百年老灯塔，人们仿佛能看到百年前的广州张开怀抱拥抱西方先进的科学技术、上千年来一直拥抱海洋文化的胸襟与魄力。每当暮色四合之时，灯塔吐辉，宛如一颗海上夜明珠，东方古国自这里，一次次向世界出发。

这座欧洲新古典主义风格建筑，见证了广州邮政历史的变迁与发展。

<< 广东省文物保护单位

2002.07 第四批

广东邮务管理局旧址

Site of Guangdong Post Administration

年代： 1913 年

地址： 广州市荔湾区沿江西路

这栋珠江边上的欧洲新古典主义风格的大楼，百余年来可谓命途多舛。

先是光绪二十三年（1897），这里原为大清邮局所在地，后遭火毁。1913 年，该址被拨给粤海关扩建邮政新局，由英国工程师丹备担任建筑设计，1916 年建成营业。当时的邮政业务先是由粤海关兼管，1918 年由广东邮务管理局接管。

1938 年，抗日战争期间广州沦陷，市内多处燃起大火，西堤一带的繁华商业区受灾更是严重，管理局楼内门窗、地板等全部烧毁。1939 年在保持原大楼结构及外貌不变的情况下重建，这次由工程师杨永棠设计，1942 年竣工。中华人民共和国成立后改为广州市邮局。

大楼为钢筋混凝土结构，坐北朝南，平面呈梯形，占地面积 1740 平方米。南部主楼三层半（半层为地下室），高 18 米；北部副楼两层（现改为三层），高 12.5 米。首层以下做基座形处理，仿粗石面石基柱，线条简单。南立面以希腊爱奥尼柱通贯第二、第三层，内为柱廊，屋顶为天台，四周砌女儿墙，四角立方尖形柱。第三层檐部原有中英文书“广东邮务管理局”字样，已被拆除。

楼内各室宽敞，设有壁炉，室内门窗地板均为柚木，通道铺砌花阶砖，楼梯扶手饰有美观的铸铁漏花装饰，整体建筑典雅优美，是广州近代较有代表性的仿欧洲新古典主义风格建筑。

图注

1. 广东邮务管理局旧址，从外廊凭栏眺望，江风徐徐
2. 大楼首层的窗户
3 这座古典主义的经典之作，端庄耐看
4. 通贯二、三层的希腊爱奥尼柱

Date: 1913
Address: Yanjiang Xilu, Liwan District, Guangzhou

The Site of Guangdong Post Administration, built of reinforced concrete, is a representative neoclassical architecture in modern Guangzhou. The post office was established in 1916, initially under concurrent management of Canton Customs. In 1918, the office was taken over by Guangdong Post Administration, and changed into the municipal post office in 1953.

欧式新古典主义的大钟楼，是广州近代城市格局变迁的重要见证

This European-style neoclassical grand bell tower is an important witness to the changes of Guangzhou's modern urban pattern

中国最古老的新式海关大楼，屹立珠江边百年，阅尽江上繁华。

<< 全国重点文物保护单位

2006.05 第六批

粤海关旧址

Site of Canton Customs Building

年代： 清
地址： 广州市荔湾区沿江西路

粤海关创设于清康熙二十四年（1685），1950 年 3 月正式更名为广州海关，共存续 265 年，是我国最早设立的海关之一。1757 年清政府实行广州一口通商政策，此后 80 多年间，粤海关成为中国海关或大清海关的代名词，在中外贸易史上拥有独特的历史地位。

粤海关旧址大楼是中国最早的新式海关大楼，原址位于五仙门一带，1860 年在现址建立粤海关税务司署，后历经多次重建。现存的粤海关旧址大楼，由英国建筑师戴卫德·迪克和阿诺特设计，于 1914 年奠基，耗时 3 年，是广州作为中国对外贸易城市和海上丝绸之路重要节点的一个标志性建筑。

粤海关旧址大楼坐北朝南，面向珠江，由四层主楼及两层钟楼组成，为钢筋混凝土结构。建筑正立面采用横三段、竖三段的古典构图，首层为台基，以条石砌筑，正中设石阶通往二层大门。大门两侧以高大的双柱、倚柱承托山花和拱券，其余以巨型双柱通贯二、三层，四层以塔斯干柱环绕回廊。建筑形态庄严宏伟，形体简洁明快，是广州近代西方新古典主义建筑的代表作品之一。

建筑内廊空间宽敞，铺地采用哑光马赛克，墙裙用青绿色彩釉陶砖拼贴，内廊两侧办公室均安装了进口的柚木。为适应广州炎热的气候，办公室专门设计了腰门，它如同岭南传统西关大屋的趟栊门，仅留中间部分用于遮挡视线，既可以分隔内外空间，又能通风透气。

顶部的钟楼里完好保存着全国罕见、设计精巧的英国制全机械传动式立钟，其设定时间的机芯放置于上层，5 座不同口径的铜质摆钟则安装在下层。由于钟楼高大恢宏，钟响时左右皆闻，所以老广又将粤海关旧址建筑称作“大钟楼”。

2007 年粤海关旧址大楼经保护修缮，变身为中国海关博物馆广州分馆对公众开放，作为记录者、诉说者，屹立珠江边逾百年的粤海关旧址，有太多关于海上丝绸之路可歌可泣的传奇往事。

Date: Qing Dynasty
Address: Yanjiang Xilu, Liwan District, Guangzhou

Canton Customs was set up in 1685, lasting for 265 years. It was one of the earliest customs established in China and a landmark of the Maritime Silk Road in Guangzhou. The Site of the Canton Customs is the earliest modernized customs building in China, and has a reinforced concrete structure. With classical facade, the building is one of the representations of neoclassical architecture in modern Guangzhou.

图注

1. 位于珠江边上的粤海关，是我国最早设立的海关之一
2. 采用横三段、竖三段的古典美学构图的粤海关旧址大楼
3 英文“CVSTOM”记录了大楼在中外贸易上的独特地位
4. 当时所用的柚木门，皆是由国外进口
5. 高大的双柱，倚柱承托山花和拱券

广东金融现代化的 **肇始之地**，

中山先生亲创、曾为北伐“输过血”的中央银行。

广东金融现代化的肇始之地，多次更名仍不改初心

Guangdong financial modernization begins here, and it has changed names many times and still retained its original intention

<< 广东省文物保护单位

2002.07 第四批

中央银行旧址

Site of the Central Bank of the Republic of China

年代： 1924 年
地址： 广州市越秀区沿江中路

Date: 1924
Address: Yanjiang Zhonglu, Yuexiu District, Guangzhou

In August 1924, the Central Bank of the Republic of China was founded by Sun Yat-sen. Site of the Central Bank of the Republic of China has a reinforced concrete structure in neo-classic style, and the whole architecture is well preserved.

图注

1. 中央银行旧址正门
2. 中央银行旧址南立面
3. 守在门前威武的石狮子
4. 旧址墙面上的西式灰塑

1924 年，国民党第一次全国代表大会由孙中山主持在广州举行，是时，在孙中山先生等国共两党政要的积极推动下实现了第一次国共合作，革命政府设在广州。为了解决金融混乱之时弊，克服财政上的困难，孙中山先生一面筹建黄埔军校，一面筹备中央银行，同年 8 月 15 日，先生亲手创办的中央银行宣布成立。

银行设在广州的珠江南岸，以 1914 年开设的中国银行广州分行为行址，当时中央银行行长为宋子文，由胡汉民、廖仲恺、孙科等 7 人担任董事，直属国家财政部。

中央银行的经营范围及主要业务包括：发行正规法定货币、普通和冠有地名的兑换券，以及为北伐战争筹募资金的军用券；改铸民国十三年（1924）版银毫，发行民国十七年（1928）版银毫；代理国库、省金库收解业务；办理各机关、团体、私人的存款和汇款；对机关、团体发放临时周转性贷款等。

中央银行的设立，稳定了金融环境，有力地配合当时军事、政治行动的推进，为巩固广东的革命政府起过积极的作用。

1927 年南京设国民政府后，在上海增设中央银行，广州的中央银行于 1929 年 3 月改称广东中央银行，1931 年 1 月又改称广东省银行。抗日战争时期，中央银行一度撤离，于 1946 年回迁至现址。

现存的中央银行旧址为西方新古典风格，整体建筑保存完好，为两层钢筋混凝土结构，由正面大厅和平展的两翼组成，八根花岗岩方形立柱分两排布局，两头威武的西洋风格石狮守望前厅。两翼墙面为水洗石米，墙面饰以椭圆形山花图案。

虽历尽岁月沧桑，今天完整保存下来的中央银行大楼旧址，仍承担着银行的业务功能，成为中国工商银行广州市第一支行办公地。这座雄伟的建筑见证了民国以迄今日珠江两岸的历史变迁，也是广州金融走向现代化的重要缩影。

第二章

海丝之都
City of Maritime Silk Road

广州是千年商都，
也是中国最早的对外贸易港口，
更是古代海上丝绸之路的发祥地。

錦綸會館
聞聖教於南邦脈

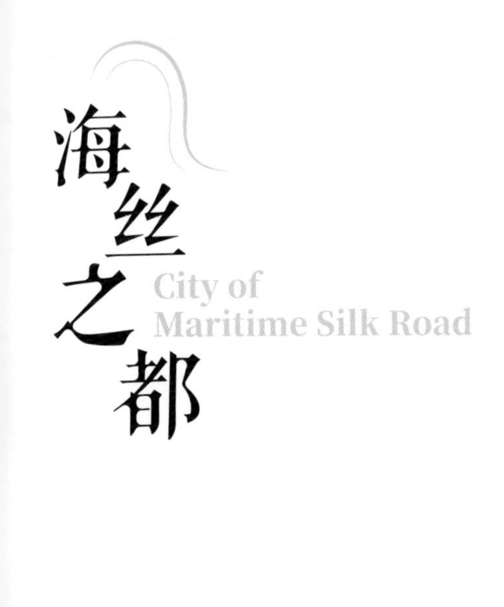

“百川入海通达五洲，千年丝路未断传奇。”

两千年广州建城史，从这里走来

Here comes the two-thousand-year construction history in Guangzhou

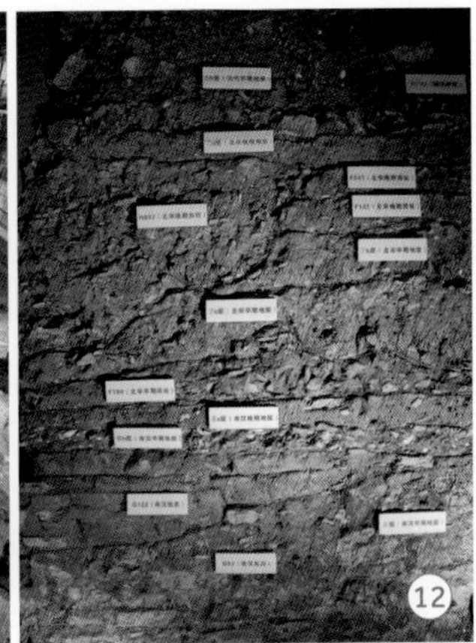

南越国宫署遗址位于广州市中山四路西段，遗址的核心保护区面约 5.2 万平方米，文化层堆积厚达 5~6 米，包含秦、西汉南越国、汉、晋、南朝、隋、唐、五代南汉国、宋、元、明、清和民国等各个历史时期的文化遗存。

考古发现遗址是西汉南越国和五代南汉国两个地方政权的都城王宫所在地，也是秦统一岭南以来历代郡、县、州、府、道、路的官署所在地，是广州两千年来作为岭南地区政治、经济和文化中心地，以及海上丝绸之路重要节点城市的重要历史见证——自 1995 年以来已发掘出南越国宫苑的大型石构水池、曲流石渠和宫殿区的一号、二号宫殿基址，以及五代南汉国的一号、二号宫殿基址和池苑等重要遗迹，出土有南越国时期青釉瓦、唐代外国人头像和伊斯兰风格玻璃碗、南汉波斯蓝釉陶罐等包含海外文化因素的遗物。南越国宫署遗址于 1996 年被国务院公布为全国重点文物保护单位。

南越国时期，通过海上航线——海上丝绸之路，南越国与其他地区频繁交流，这些交流极大促进了岭南文化的形成和发展，其政治中心番禺（今广州）是海外珠玑、象牙、犀角、玳瑁等产品的重要集散地，也印证了南越国与海外贸易交流和文化交流之频繁。南越国宫署遗址的部分遗迹遗物反映了秦汉以来岭南地区与海外文化的交流融合——如遗址出土的青釉瓦、青灰色胎质大砖上的釉为中国罕见的钠钾碱釉，与东南亚地区的钠钙玻璃成分相同，佐证了南越国与东南亚之间的往来交流。

南越国宫署遗址见证了广州作为重要的跨板块节点，自海上丝绸之路形成之日起，历经多个时期的海外商贸与文化交流，持续发展与繁荣的历程。

<< 全国重点文物保护单位

1996.11 第四批

南越国宫署遗址

Site of the Nanyue Kingdom Palace

年代： 西汉
地址： 广州市越秀区中山四路

Date: Western Han Dynasty
Address: Zhongshan 4 Lu, Yuexiu District, Guangzhou

The site of the Nanyue Kingdom palace has been excavated since 1995, including a large stone pond, a curved stone canal, and the palace foundation . Relics with exotic styles were found as well. The site of the Nanyue Kingdom palace is a historical witness that Guangzhou was an important node city of the Maritime Silk Road in history.

图注

1. 南越国一号宫殿遗址
2~4. 南越宫苑遗址区域发掘的各朝代砖井
5、7. 遗址发掘的瓷器碎片
6. 西汉印“万岁”铭瓦当
8. 南越国印花大方砖
9. 遗址发掘各式瓦当碎片
10. 西汉绳纹筒瓦碎片
11. 曲流石渠出水闸口
12. 曲流石渠遗址关键柱

①

“南越文王墓的发掘，让我们得见
两千多年前南越古国的繁盛与中西文化**交融**。”

②

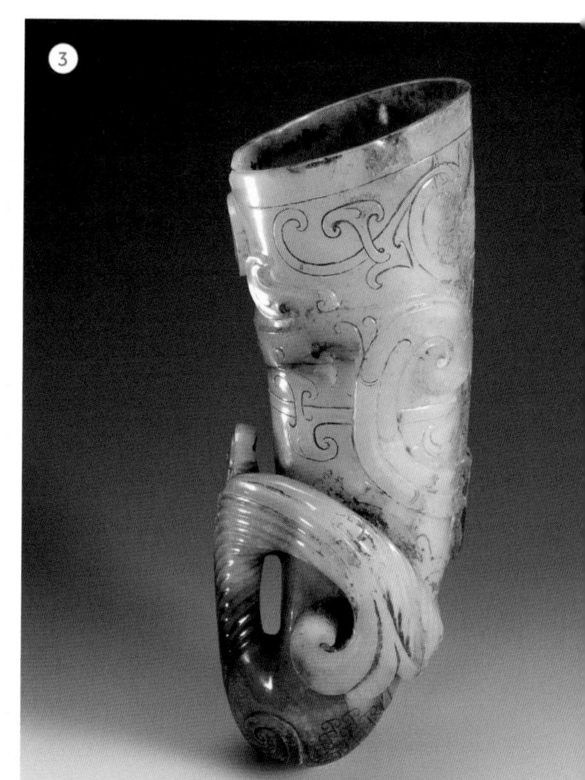

③

象岗深处越王墓，海丝形成时期的重要见证

Nanyue King Wen's Mausoleum deep in Xianggang, is an important witness to the formation of the Maritime Silk Road

<< 全国重点文物保护单位

1996.11 第四批

南越文王墓

Nanyue King Wen's Mausoleum

年代：西汉
地址：广州市越秀区解放北路

Date: Western Han Dynasty
Address: Jiefang Beilu, Yuexiu District, Guangzhou

This is the mausoleum of Zhao Mo, the second emperor of Nanyue Kingdom in the Western Han Dynasty. Discovered in 1983, the mausoleum is a stone chamber painted tomb with highest status, largest scale and the most abundant burial objects in Lingnan area. It is known as one of the top five archaeological discoveries in China in the 1980s.

图注

1. 西汉南越王博物馆
2. 船纹铜提筒
3. 仿犀角形玉杯
4. 波斯银盒

4

南越文王墓发现于 1983 年，是西汉南越国第二代国王赵眜之墓。

墓室深埋于距离象岗山顶 20 米的腹心深处，历经 2000 多年未被盗扰。南越文王墓是岭南地区目前发现的墓主身份最高、规模最大、随葬品最丰富的一座西汉石室彩绘墓，被称为 20 世纪 80 年代中国考古五大发现之一。

墓室依“前堂后寝”的布局，分前后两部分：前部三室，前室居中，象征墓主生前的朝堂，东耳室为宴乐之所，西耳室是库藏；后部四室，象征墓主生活的后宫，放置墓主棺椁的主棺室位居正中，东侧室从殉 4 位妃妾，西侧室殉葬有 7 位仆役，后藏室放置炊具和食品。墓内出土“文帝行玺”龙钮金印、“帝印”玉印、玉角杯、波斯银盒和船纹铜提筒等珍贵文物 1000 多件（套）。

波斯银盒是西亚银器与中国本土需求结合的产物，它具有蒜头形凸纹，造型与纹饰都与汉代器皿不同，与西亚波斯帝国时期的金银器相近，根据中国的喜好与需要加以改进后，上部焊接 3 个小凸榫用来套羊纽饰，器底附加铜圈足，盖面有两处刻有王宫藏品编码等隶书铭文，体现了工艺品加工技术方面的交流和融合。仿犀角形玉杯是外来形象与中国传统的结合，犀牛不是中国的本土动物，主要产地为东南亚、印度和非洲，而玉崇拜是中国传统，将两者结合，体现了文化的一种融合。其他出土文物中，有来自地中海的焊珠金花泡、西洋风格的玻璃珠，以及西亚的香料、非洲的象牙等，这些外来物品足以证明 2000 多年前中国与海外已有交往，见证了海上丝绸之路沿线各板块在早期与中国的物品交流。

出土的 13 件铜熏炉，数量之多反映出当时熏香的盛行，这从一个侧面说明中国与盛产香料的南亚及西亚地区之间的密切交往，以及中国的生活方式受到外来文化的影响。

出土的船纹铜提筒，腹壁上刻铸有 4 只战船图纹，还原了大型舰船凯旋盛景，反映出航海活动在当时已经具有重要意义，船规模较大，说明当时已经不仅仅限于近海航行，造船技术和航海能力已经达到较高的水平。

南越王墓被誉为打开岭南古史的一座宝库，丰富的文物是海上丝绸之路形成时期的重要见证，是海上丝绸之路各大板块互相连通、文化元素相互融合的有力证明。

清真先贤古墓

Tomb of Sa'd Bin Abi Waqqas

这座伊斯兰先贤古墓，见证了古代海上丝绸之路的繁荣昌盛。

图注

1. 古墓牌坊
2. 古墓门楼
3. 古墓拜亭

一园碑亭阅尽千年蕃客来华史，古墓回响聆听圣人圣训礼拜事

A garden pavilion witnesses thousand-year of history of foreign visitors coming to China, and the ancient tomb echo the sound of the Mohammed, the Koran and Muslims worship

墓园清幽古朴，墓室状如悬钟，至清至真“贤能者”在此长眠千年，海内外穆斯林抵穗必来匍匐礼拜。

<< 全国重点文物保护单位

2013.03 第七批

清真先贤古墓

Tomb of Sa'd Bin Abi Waqqas

年代： 唐

地址： 广州市越秀区解放北路

越秀山下兰圃旁，流花溪畔桂花岗，四处清幽之地围合，有一处年岁久远的清真先贤古墓。

相传唐朝初期，伊斯兰教传教士赛义德·艾比·宛葛素先贤来华传教，在广州逝世后被教徒营葬于此，至今已有1300多年历史。

宛葛素是最早将伊斯兰教传播到中国的伊斯兰信徒，他和同行信众被中国穆斯林奉为“伊斯兰先贤”，宛葛素则被敬奉为“大贤”，他的墓旁有明代修建的四十位先贤墓，也体现了宛葛素在教中的影响力。一般情况下，穆斯林死后无墓葬，为先贤宛葛素设立墓葬并使用了方形圆顶的阿拉伯建筑风格，反映出阿拉伯建筑艺术和中国丧葬习俗的结合。

墓园占地面积约2200平方米，园内树木繁茂，幽静庄严，多年来一直是伊斯兰教圣地，在海内外的声誉极高，各地的穆斯林每年结队前来凭吊瞻仰。

先贤宛葛素墓室上圆下方，形如悬钟，属于典型的阿拉伯圆拱顶建筑风格。人在其内言语，有回声响应，故又名“响坟”。此外，园内还保存有先贤井、先贤古墓道、四十位先贤墓、回教三忠墓、“一门忠孝”牌坊以及“节烈流芳”牌坊等历代古迹。

墓园内有一座先贤清真寺，与先贤古墓相辅相成，历经数代发展，已成为广州著名的清真寺之一，也是广州最大、最具影响力的伊斯兰宗教活动场所。海外穆斯林不论身份不论贫富，甚至于当代许多伊斯兰国家的首脑，抵穗必到此地匍匐礼拜。2013年，清真先贤古墓被国务院公布为全国重点文物保护单位。

先贤古墓是伊斯兰教在广州的重要圣地，是伊斯兰教早期经由海上丝绸之路传播的见证，也是中国文化以自身的习俗和传统，接纳、融合外来宗教元素的体现。

Date: Tang Dynasty
Address: Jiefang Beilu, Yuexiu District, Guangzhou

According to legend, this is the tomb of Sa'd Bin Abi Waqqas, an Islamic missionary in the Tang Dynasty. The tomb has a history of more than 1,300 years, and also preserves other historical sites, such as the tombs of forty sages, the well of sages, the passage of sages. The tomb is an important sacred place of Islam in Guangzhou, showing the inclusiveness of Chinese culture.

图注

1. 古朴、宁静的墓园
2. 石桥通往门楼
3. 墓园入口
4. “正教西来”双语牌匾
5. 桂花树深巷里，就是大贤千年安息之所

4

5

一江珠水新月弯，光塔照见来时路

The mosque illuminates the road we went by like the crescent moon in the Pearl River

竖灯引航，映照珠水新月，
金鸡飞转，迎候片帆归港。

<< 全国重点文物保护单位

1996.11 第四批

怀圣寺光塔

Huaisheng Mosque and Guang Minaret

年代： 唐

地址： 广州市越秀区光塔路怀圣寺内

怀圣寺是为纪念伊斯兰教创始人、“至圣”穆罕默德，在唐代由来华的阿拉伯人建立的清真寺，它是中国最早的清真寺之一，寺内建有光塔，故又名怀圣光塔寺，至今已有 1000 多年历史。

怀圣寺同时是东亚乃至世界上最早建立的清真寺之一，见证了伊斯兰教创立初期先贤们几经努力，沿海上丝绸之路将伊斯兰教传播到中国的历史。

怀圣寺位于广州市越秀区光塔路，占地面积 2966 平方米，坐北朝南，中轴线上依次建有三道门、看月楼、礼拜殿及月台、藏经阁，两侧有东西回廊和碑亭等。怀圣寺体现了伊斯兰的建筑艺术、宗教文化与中国本土文化之间的持续不断的融合与交流——怀圣寺的看月楼、礼拜殿等单体建筑，在建筑格局上体现出中国唐代建筑风格与伊斯兰清真寺风格的结合：庭廊楼檐布局，具有中国唐代建筑风貌，月台四周古代石栏杆的拱形雕刻又具有伊斯兰文化特色；以中文的“寺”和“塔”命名伊斯兰清真寺和宣礼塔，体现出中国文化将外来宗教文化纳入已有文化体系中的倾向，是中国文化吸收外来文明特征的表现。

光塔位于寺内西南角，高 36.7 米，塔底直径 8.5 米，为向上收分的圆柱形砖塔，外墙为白色。光塔的形制是中国古代建筑中非常罕见的伊斯兰风格的宣礼塔，因在唐代曾是珠江江岸边的制高点，光塔一度肩负导航作用。塔脚南北各开一门，塔身开多处长方形采光小孔，塔内设两个螺旋形楼梯直通塔顶。塔顶原立有金鸡，可随风旋转，为来往江岸的船舶指示风向，明初金鸡为飓风所坠，1934 年重修时顶部改为尖形顶。

1996 年怀圣寺光塔被国务院公布为全国重点文物保护单位。

时至今日，怀圣寺仍是广州穆斯林讲经和礼拜的重要场所，每周五举行一次主麻日活动，体现出伊斯兰教在中国的传播与延续。

Date: Tang Dynasty
Address: Huaisheng Mosque, Guangta Lu, Yuexiu District, Guangzhou

Huaisheng Mosque is one of the oldest mosques in China, established by Arabs who came to China in the Tang Dynasty. The Guang Minaret lies in the southwest corner of the mosque. It has a white facade, and the shape of it is in Islamic-style, which is rare among Chinese ancient architectures. The weather vane on the top of the minaret served as a navigation for ships in the old days.

图注

1. 叶间的“看月楼”，也看望着高塔
2. 通体白色的高耸光塔
3. 越过重重大门，步入怀圣寺
4. 一角的石栏杆，留下光阴的痕迹

2

3

4

光孝寺
Guangxiao Temple

自三国时期便始有流芳的光孝寺，
以其历史悠久、规模宏伟，雄踞岭南佛教丛林之冠，
中外往来人，在此讨教佛法，
这座岭南第一古刹，遍地是千年的宝物。

图注

1. 檐下的风铃，晃过多少风雨
2. 过了赵朴初居士所题的牌匾，便入了光孝寺
3. 历经岁月沧桑的石狮子，依旧守在寺中

“ *岭南第一刹，历代中外高僧重要的驻锡和译经之所，*
*中外文化交流重要***印证**。”

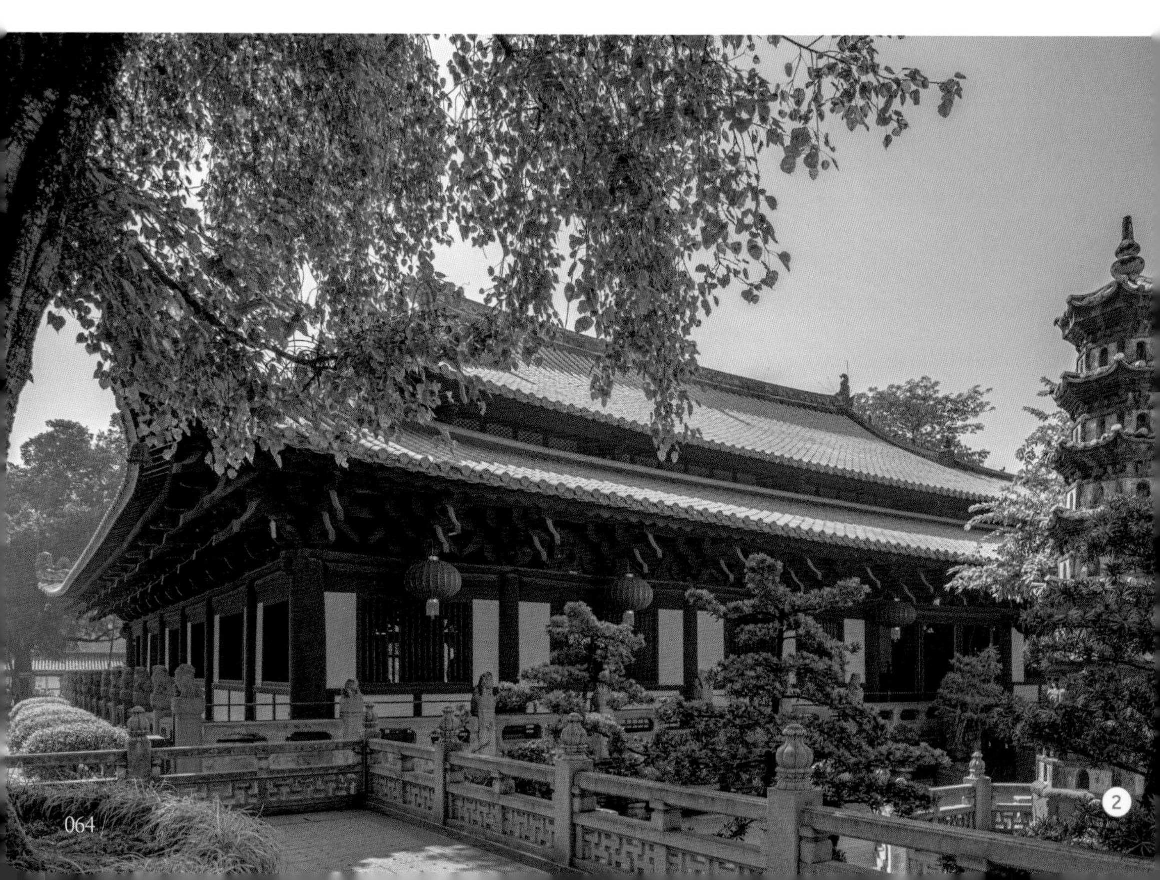

未有羊城，先有光孝

First the Guangxiao Temple, then the Guangzhou city

<< 全国重点文物保护单位

1961.03 第一批

光孝寺

Guangxiao Temple

年代：五代 — 明
地址：广州市越秀区光孝路

Date: Five Dynasties — Ming Dynasty
Address: Guangxiao Lu, Yuexiu District, Guangzhou

Guangxiao Temple was initially the royal residence of the Nanyue Kingdom, then changed into a temple in the Three Kingdoms Period.Guangxiao Temple is the oldest and most complete extant Buddhist temple in Lingnan area. Many Chinese and foreign monks visited and propagated dharma here. Large number of scriptures, monuments and ancient trees have been preserved in the temple.

图注

1. 自五代时期便“定居”于此的光孝寺
2. 传说从西印度而来的菩提树，见证光孝寺的变幻
3. 瘗发塔
4. 千佛铁塔中的西塔

“未有羊城，先有光孝”，光孝寺最初为南越国第五代王赵建德王府，三国东吴骑都尉虞翻在此居住及讲学，种植了许多苹婆、诃子（旧称苛子）树，时人称为虞苑，又称苛林。虞翻离世后其后人将家宅奉献为寺，最早名制止寺。

其后朝代更替，制止寺先后改名为王苑朝延寺、王园寺、明法性寺、乾明禅院、宁万寿禅院、天宁万寿禅寺、报恩广孝禅寺等，到南宋绍兴二十一年（1151）改名光孝寺，并沿用至今。

光孝寺位于广州市越秀区光孝路，占地面积 3 万多平方米，是岭南保存年代最早、最完整的佛寺，被誉为岭南佛教丛林之冠、岭南第一刹。1961 年被国务院公布为全国重点文物保护单位。

寺院坐北朝南，沿中轴线分布的文物建筑有天王殿、大雄宝殿、瘗发塔等，其西有大悲心陀罗尼经幢、西铁塔，其东有洗钵泉、伽蓝殿、六祖殿，再往东有东铁塔、东塔殿等。寺内保存不少古碑刻以及诃子、菩提等古树名木，古刹清幽，气象庄严。

光孝寺是历代中外高僧重要的驻锡和译经的佛教道场，自东晋南朝时有昙摩耶舍法师、求那跋陀罗、智药三藏法师、真谛三藏法师等高僧，从海上丝绸之路来到广州传播佛教，驻锡光孝寺传法；自禅宗初祖达摩从海上进入中国，在光孝寺传法，到承接其衣钵的六祖慧能，在这里开创并发展禅宗南派，再到历史上佛教密宗的不空和尚等名僧渡海来到这里讲法……出现在光孝寺的高僧大德，当真如星汉璀璨。

寺内遗存的经书、洗钵泉以及菩提树等都是中外文化交流的重要印证：现存的大悲心陀罗尼经幢，是印度密宗传播的一个物证；现存瘗发塔为仿楼阁式砖塔，高 7.8 米，是当年六祖慧能削发受戒后埋藏头发的地方；沿用印度旧风的瘗发塔，既还原了宗教仪式，又体现了建筑风格的跨海传播与交流。

这渊源悠长的岭南第一刹，正是佛教通过海上丝绸之路传播到中国后，不断传承并与中国文化产生交融的见证。

觀音殿

岭南记述中最早的佛塔，北宋建筑技艺的极高体现

The earliest pagoda recorded in Lingnan history demonstrates excellent construction skills of the Northern Song Dynasty

<< 全国重点文物保护单位

2006.05 第六批

六榕寺塔

Liurong(Six Banyan)Temple and Flower Pagoda

年代：宋
地址：广州市越秀区六榕路六榕寺内

六榕寺建于南朝宋，而六榕寺塔始建于南朝梁大同三年（537），梁武帝时期举国兴佛，建塔之初，亦相当隆重——由开寺始祖昙裕法师经由“海上丝绸之路”抵达扶南地区（今柬埔寨一带），迎回佛祖真身舍利子供奉于塔基地宫。

当时的广州，已是岭南地区的中心城市，也是中国和海外贸易要道——古代海上丝绸之路上的重要港口。这条萌芽于商周的海上丝绸之路，是连接中国和东南亚、南亚乃至欧洲、非洲等地的贸易往来、文化融合的世界性大通道。六榕寺塔的建造，也证明了南北朝时期中国与柬埔寨一带以“丝绸之路”为重要媒介的佛教文化的跨海交流之路的存在。

六榕寺塔初为木塔，因供奉舍利，称作舍利塔。南汉时塔毁于大火，北宋时期在梁代旧塔基的基础上重建。塔高 57.6 米，平面八角形，外观 9 层，内设暗层 8 层，共 17 层，砖木结构，外设副阶。各层塔身外壁饰素壁丹柱，都有回廊围绕。塔檐以绿琉璃瓦覆顶，檐端微翘展翅欲飞，丹柱与朱红叠涩映衬着绿色琉璃，塔身格外色彩斑斓，故广州人又称它为“花塔”，又因各层内外墙壁设有佛龛供奉贤劫千佛像，故称“千佛塔”。

六榕寺塔的塔顶立有元代至正年间（1341-1368）铸造的千佛大铜柱，塔心柱密布 1023 尊浮雕小佛，还有云彩缭绕的天宫宝塔图，塔顶上有火焰宝珠、双龙珠、九霄盘、覆盘和 8 根铁链，

图注

1. 观音殿
2. 六榕寺的一隅
3. 风吹过，檐角的风铃会发出清脆的铃声
4. 岭南特色的满洲窗
5. 秀美挺拔的六榕塔

1

“六榕寺花塔一度是广州的制高点，
千余年间，寺庙命运**浮沉**，星宿雁过留声。”

2

Date: Song Dynasty
Address: Liurong Temple, Liurong Lu, Yuexiu District, Guangzhou

Liurong Temple has a long history, visited by many scholars such as Wang Bo and Su Dongpo. Flower Pagoda of Liurong Temple was constructed in 537 A.C., originally a wooden pagoda. It was rebuilt into a brick structure in the Northern Song Dynasty, and renamed as Liurong in the Ming Dynasty. It's a landmark of Guangzhou city.

塔心柱连九霄盘、宝珠及铁链总重达 5000 公斤，如此重量安然立于塔顶数百年，可见建塔工艺之精良。

六榕寺作为汉地佛教全国重点寺院，历史悠远、史迹遗珍众多，在六榕寺山门有一副楹联题道“一塔有碑留博士，六榕无树记东坡”，道出六榕寺塔与王勃、苏东坡的渊源：“初唐四杰”之一的王勃曾在此题下洋洋洒洒的《广州宝庄严寺舍利塔碑》（六榕寺时称宝庄严寺）——“仙楹架雨，若披云翳之宫，采槛临风，似遏扶摇之路”“雕镌备勒，飞禽走兽之奇；藻绘争开，复地重天之变。”……雕梁画栋之盛之美，跃然眼前，衬得起“花塔”美名。

北宋大文豪苏东坡曾在北归途中经过六榕寺，见花塔畔植有苍翠的老榕 6 株，欣然手题“六榕”寺榜，正因于此，寺院终改称六榕寺，舍利塔易名为六榕塔。

自宋代重建后，巍峨华美的六榕寺塔便成为广州城的标志性建筑，直到 1937 年爱群大厦建成之前的 800 多年间，一直是广州城内可以登临的最高建筑。临江屹立的六榕寺塔也一度成为珠江航道的重要标志，客船未入广州，就先远远望得见花塔。

高耸的六榕寺塔是古时登高览城的胜地，各代文人学士，留下了大量登临六榕寺塔的诗文。从前过年过节时分寺僧会在塔内点灯，半城能见华灯璀璨，美不胜收。故传说昔日住持曾向苏东坡应景报了一副上联：“塔内点灯，层层孔明诸葛（格）亮”，古塔之华彩，可见何等惊艳。

图注

1. 精美的檐下构件
2. 浓荫匝地，一派盎然生趣
3~5. 又美又高的六榕塔，是广州人曾经最爱的登高远眺的第一胜景

砥柱珠江四百年，迎守往来江中客

The Sinews of Pearl River welcome and protect the passengers amid the river for four hundred years

驻守沙洲的琶洲塔，见证了沧海桑田，看遍了来往宾客。

<< 广东省文物保护单位

1989.06 第三批

琶洲塔

Pazhou Pagoda

年代：明

地址：广州市海珠区新港东路

琶洲位于广州市区东面的珠江南岸，原称琵琶洲。古时候珠江水面广阔，烟波浩渺，这一处的江心洲渚，因轮廓颇似琵琶形状而得名。

早在北宋时期，琶洲就已经是东来船舶进入珠江的停泊之处；至清朝，琶洲一带停泊的船只更是樯帆如林。琶洲成为商城广州一处重要门户港口，亦是古代海上丝绸之路的来往之所。琶洲在此扼守出海的珠江水道，吞吐潮汐，被称为“会城水口”。

明万历年间（1573-1619），进士出身的广州士绅王学曾等人倡议在水口琶洲兴建文峰塔，以壮城威、兴科举，并求文运畅达、财运亨通。万历二十五年（1597），建塔工程开始动工，历三年建成，时名为海鳌塔，后改称琶洲塔。

琶洲塔为八角九级楼阁式砖塔，内分 17 层，台基为八角形，由红砂岩石砌筑。基面以灰色砂岩铺砌，每边立面分别刻八卦图样，基角处有西方人形象的托塔力士石像。

力士呈跪状，双手或单手举起托塔，刻工古朴，神态生动。有三个壁门，西门筑砖梯上第二层塔心室，盘旋而登顶层。塔身抹白灰，塔角倚柱抹朱红色，额枋抹朱红色和黑色，额枋上以六叠菱形牙叠涩出檐，腰檐顶四叠菱形牙叠涩出平台。塔顶为八角攒尖顶，顶层各檐悬钟的铁铸雁形角梁已掉落，塔刹已不存，修缮时重铸铁塔刹，塔心改为铁柱。现塔内尚存琶洲塔碑记，塔旁立琶洲鼎建海鳌塔记碑。

琶洲塔建成时，在塔两旁分别建有体现崇水文化的海鳌寺与北帝宫。宝塔庙宇，高低错落耸立在江中洲渚上，高耸的琶洲塔地处珠江入广州水路要道上，成为外来船只远远望见的导航标志，清代“琶洲砥柱”的壮丽景色位列羊城八景之一。

20 世纪以来，琶洲四周地理环境发生了较大变化，琶洲从环水洲渚变成与南岸相接。琶洲塔旁边的宫庙建筑尽数已毁，古塔也残破不堪。20 世纪 90 年代，琶洲塔得到修缮，重现昔日风采。

如今，琶洲塔北距珠江已有 600 多米，琶洲塔下，客如云来的国际会展中心拔地而起，数百年来至今，琶洲依然都是广州对外贸易的宝地。

Date: Ming Dynasty
Address: Xingang Donglu, Haizhu District, Guangzhou

Pazhou Pagoda is located in the south bank of the Pearl River, the main waterway of Guangzhou. Built in Wanli period of the Ming Dynasty, Pazhou pagoda is an octagonal nine-level pavilion-style brick tower. During hundreds of years, it has guided countless ships, witnessing the development of Guangzhou's external trade.

图注

1. 砥柱珠江四百年的琶洲塔
2. 灰砂岩铺砌的塔基一角
3. 宝塔佛像
4. 西方人形象的托塔力士石像

2

3

4

“ 雄踞珠江四百年，
这座宝塔是古时船舶从水路进入广州城的 航标 。”

1

风水引航的宝塔，是海上丝绸之路的导航标

The pagoda, guided by geomancy, is the navigation mark of the Maritime Silk Road

<< 广东省文物保护单位

1989.06 第三批

莲花塔

Lotus Pagoda

年代：明
地址：广州市番禺区石楼镇

Date: Ming Dynasty
Address: Shilou Town, Panyu District, Guangzhou

Lotus Pagoda was originally named "Wenchang", located on the main peak of Lotus Hill. Lotus Pagoda, Pazhou Pagoda and Chigang Pagoda form a situation of tripartite confrontation along the Pearl River. People on the ships know that they have arrived in Guangzhou, when they see the Lotus Pagoda, so the Lotus Pagoda is also known as the ornamental column of Guangzhou.

图注

1. 远望狮子洋的莲花塔，守着这片三角洲
2. 从塔内向外远望，可看见不远的观音像
3. 莲花塔外视高 9 层，内为 11 层

2

3

位于广州市番禺区的莲花塔，原名文昌塔，与琶洲塔、赤岗塔一样，都是当年锁定广州文运、财运的风水塔。这沿珠江鼎立的三塔，宛如帆船的三支桅杆，俗名“三支樯”，预示风调雨顺、万事如意。因位于莲花山主峰，文昌塔终改名作莲花塔。莲花山雄踞狮子洋西岸，珠江由此出海，面向壮阔的海面，在此建莲花塔，有以束海口之意。

海外来舶，以塔为航标，望见莲花塔，便知已抵广州地界，因此莲花塔还有“省会华表”之称。

莲花塔建于明万历四十年（1612），为楼阁式砖塔，平面作八角形，高 9 层约计 50 米，内为 11 层，由青砖叠砌而成。塔身涂白色灰浆，转角置红色倚柱，上叠碧绿色琉璃瓦，丹柱碧瓦，鲜艳夺目。最顶端的塔刹由覆盆、宝珠、仰莲和铜葫芦组成，在阳光照耀下流光溢彩。天朗气清时，莲花塔华彩耀目，数十里之遥举目可见。

沿着塔内的砖砌阶梯盘旋而上，举目远望，狮子洋美景尽收眼底。东看江河奔流而去，狮子洋上水波缥缈；南望虎门大桥，飞虹跨越两岸；北顾羊城，高楼隐约，景致万千。

鸦片战争及抗日战争时期，莲花塔受英、日侵略者的炮轰枪击，塔东南面的二、三、四、七层弹洞累累，加上 300 多年的风雨剥蚀，塔顶坍毁，塔墙破裂，但塔身岿然不动，凌空而立。

400 余年间，莲花塔阅尽千帆竞渡，海上丝绸之路的船帆在这里扬起，驶向洋海。1981 年，旅居港澳的同胞何添、何贤捐资修复莲花塔。莲花塔 1989 年被广东省人民政府公布为广东省文物保护单位，至今保存完好。

“我国古代国家祭祀海神场所，
四大海神庙中唯一保存下来的**官方庙宇**。”

海不扬波，扶胥浴日

The sea does not wave, and the Fuxu River bathed in sparkling sunshine

<< 全国重点文物保护单位

2013.03 第七批

南海神庙及码头遗址

Nanhai Temple and Wharf Ruins

年代： 清
地址： 广州市黄埔区庙头村

Date: Qing Dynasty
Address: Miaotou Village, Huangpu District, Guangzhou

Nanhai Temple was built in the 14th year of Kaihuang of the Sui Dynasty (594), as a royal place for the worship of sea god. This is the only preserved temple among the four official sea god temples in China. The small hill on the west side of the temple was a great place to watch the sunrise over the sea in the old days. Its view was known as one of the eight scenic spots of Guangzhou in the Song, Yuan and Qing Dynasties.

图注

1. 航拍南海神庙，木棉花正艳
2. 一对红砂岩石狮镇守南海神庙头门
3. 与南海神庙距离不远的古码头，见证当年丝绸之路的繁忙

南海神庙及码头遗址位于广州市黄埔区穗东街庙头村，始建于隋文帝开皇十四年（594），距今已有 1400 多年的历史，是我国古代国家祭祀海神的场所，也是我国四大海神庙中唯一保存下来的官方庙宇。作为国家海神祭祀坛庙，南海神庙与海上丝绸之路沿岸独特的海神崇拜及发展关系密切，不仅受到历代皇室的重视，还作为民间祭拜场所一直延续至今。

遗址位于珠江流向南海的主要通道上，地处广州东部的珠江北岸的南海神庙坐北朝南，占地面积约 3 万平方米，自南向北分别建有“海不扬波”牌坊、头门、仪门及复廊、礼亭、大殿和后殿，两旁为廊庑、碑亭等。庙的西侧有名为章丘的小山冈，昔日为观赏海上日出之胜地，建有浴日亭，亭内有重刻的南宋嘉定年间(1208-1224)广州知府留筠摹勒的苏轼诗碑一方、明代大儒陈献章步苏轼韵诗碑一方，陈的诗碑紧贴苏碑之后。

南海神庙所处之处，正是隋唐时期就负盛名的扶胥古港，珠江在此汇成开阔洋面，登章丘浴日亭观狮子洋面金光闪烁——“扶胥浴日”曾是宋、元、清三代的羊城八景之一。历史悠远的南海神庙，历史痕迹丰富：2005 年在庙西边考古发掘出一座宋代大型建筑基址；在浴日亭南面发掘出明代石基码头遗址，由埠头、道路和小桥构成，从南至北一直延伸至章丘的山脚下，然后向东折入庙内；在南海神庙“海不扬波”牌坊前清理出清代码头遗址。

南海神庙及码头遗址是隋唐至明清时期海上丝绸之路航海交通贸易、海神祭祀传统的独特见证，神庙西南和南向的明代及清代码头遗址，更是古代中外客商、朝贡使者进行贸易活动、前往神庙祭祀的登岸处。历朝历代的客商、使节共同见证过南海神庙这一千年官庙延续持久的海神祭祀传统。

始于先秦的海上丝绸之路，从隋唐开始进入鼎盛期，海上贸易发达，往来频仍，这是南海神庙兴建的大时代背景——从地理位置来看，南海神庙接海连江，扼进出广州之海航咽喉要冲，神庙有六位辅佐南海神的神仙，有两位原籍国外——助利

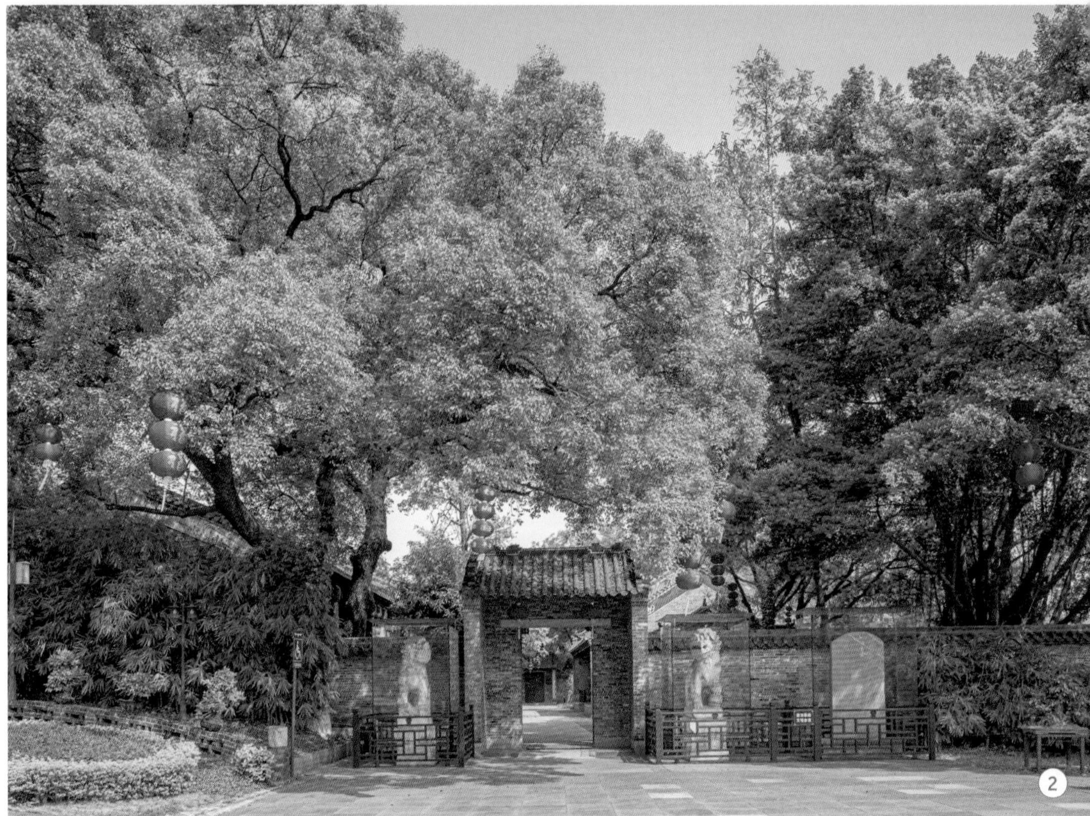

侯达奚司空从印度来（广州人称古印度作波罗国，这位来自波罗国的波罗僧，因客死异乡，被富有人情味的广州人封神，南海神诞由此转称为波罗诞），顺应侯海薄提点从阿拉伯来，从侧面反映出海上丝绸之路交流之盛。

从功能作用来看，司火兼水的神仙祝融，符合南国火地兼水乡的信仰需求，南海神庙不但是国祀圣地，亦是民众慰藉心灵之所，除了海客祈愿出入平安、财源广进，南海神的夫人明顺夫人和金花娘娘则分管凡间姻缘与生育，所以南海神庙历来香火鼎盛。

随着珠江连年淤积，沧海渐成良田与人居，南海神庙三面临海的壮观情景已不复存在，唯一一段通往浴日亭的明代古码头遗址，尚能遥想文人、巨贾当年泊舟登亭的海天壮阔气象。各国商船依次在码头系缆上岸，参拜南海神及诸位神祇，再到扶胥镇趁墟赶集，一派商贸繁荣的气象。

穿过清代“海不扬波”牌坊，南海神庙保持着唐代庙宇宏伟深广的头门、仪门、礼亭、大殿、后殿五进格局，石牌坊、头门、仪门、复廊为清代建筑，其他部分为民国以后修复、重建。

头门两侧立的是一对明代红砂岩石狮，东侧是唐代韩愈撰写的《南海广利王庙碑》，西侧是《大宋新修南海广利王庙之碑》，两方珍贵的千岁石碑，皆在后世建有碑亭保护。

仪门为花岗岩石地面，上八级台阶入门，故仪门整体高大巍峨，两侧连复廊，复廊前廊左侧，波罗僧达奚司空与金花娘娘分两房接纳香火。

后方礼亭两侧，各有一株260多岁的高大木棉树，当年南海神庙的木棉花事盛为出名，岭南三大家——屈大均、陈恭尹和梁佩兰都各有诗篇吟诵神庙里的映日“火珊瑚”。礼亭两侧，明太祖御碑、清康熙赐的“万里澄碧”御牌，左右而立，以证正统。

庙西的浴日亭，自唐代始建，现遗存为清代建筑。浴日亭与庙后，都长有百岁红豆树。这座体现千年皇家威严气象、见证海丝千年繁华、散发人间烟火气息、寄托美好愿景的南海神庙，处处是读不厌的史诗。

Around the Nanhai Temple, wharves in the Ming and Qing Dynasties were excavated. Merchants and ambassadors from China and abroad went ashore here, for trade and travel or to worship sea god in the temple. The Nanhai Temple and wharves witness the long-history tradition of worshipping the sea god in Lingnan region, and this tradition continues to the present day.

图注

1. 南海神庙礼亭
2. 古榕荫匝下的南海神
3. 南海神广利王庙碑
4. 拾级而上，方见浴日亭

3

4

锦纶会馆

Jinlun Guild Hall

三百年浮光掠影，锦纶会馆在广州丝织业发展史中从未缺席。

图注

1. 锦纶会馆是岭南典型的清代祠堂式公共建筑
2. 锦纶堂里悬挂着锦绣
3~4. 精美的砖雕、石刻、陶塑以及灰塑，秀丽如昔

广州丝织行业发展的历史见证，中国海上丝绸之路的重要遗迹

Here witnessed the development history of silk-weaving industry in Guangzhou and is an important relic of China's Maritime Silk Road

<< 广东省文物保护单位

2008.11 第五批

锦纶会馆

Jinlun Guild Hall

年代：清
地址：广州市荔湾区康王南路

Date: Qing Dynasty
Address: Kangwang Nanlu, Liwan District, Guangzhou

Guangzhou has always been proud of its developed textile industry. Jinlun Guild Hall is the only preserved hall of silk weaving industry in Guangzhou. It is a typical ancestral-hall-style public building of the Qing Dynasty in Lingnan area, with ancient canton architectural features everywhere.

图注

1. 岭南建筑典型特征镬耳山墙
2. 石刻上的名字，记录了过往的光辉
3. 梁架上精美的木雕
4. 时光的雨水在墙上留下痕迹
5. 如今锦纶会馆，已成为广州市纺织业博物馆
6. 可活动的木栅栏式防盗门，尽显古人建筑智慧

5

6

明末清初著名学者屈大均所著的风物笔记《广东新语》提到：“五丝八丝广缎好，银钱堆满十三行。”广州作为海上丝绸之路的发祥地，繁荣发达的纺织业一直是足以自傲的核心竞争力。

清时“一口通商”，中国与世界的贸易只有在广州一处可流转，广州十三行的进出口贸易货如轮转，人多事杂，商人们联合起来成立行业会馆。锦纶会馆是广州唯一留存下来的丝织业行业会馆，又称锦纶堂，是当时贸易活动当仁不让的主角：广州丝织业中拥有织机的“揽头”即东家，这些左右纺织贸易的商人都会集中在会馆聚会与议事，这就是那时广州人尽皆知的“东家聚会锦纶会馆，西家（雇工）聚集于中山七路处的先师庙”。

始建于清代雍正元年（1723）的锦纶会馆，最早坐落在下九路西来新街，2001 年原址开铺大道以纾缓老城交通，在充分论证的情况下，会馆从原址整体搬迁到现址。原址一带因会馆得名“绣衣坊”，多种新兴行业与传统的宗教和文化在这一带共生，寺观、民居、书院、会馆与商铺错落交织，构成独特的城市肌理。

锦纶会馆为岭南典型的清代祠堂式公共建筑，清朝历代添建重修，呈现左、中、右三路布局，建筑宏丽，栋宇辉煌。镬耳山墙硬山顶，青砖石脚，碌灰筒瓦，绿琉璃瓦当滴水剪边，灵动生姿。石刻砖雕、陶塑灰塑等装饰，秀丽如昔。会馆门前约 100 平方米旷地，立有花岗岩砌造的照壁基座，处处皆显典型广府古建筑特色。数百个蚝壳拼凑镶嵌在木花格中的明瓦透窗，做工考究、剔透精美；三道通往屋外的古旧木栅栏式防盗门，带有可活动的机关，既考虑到南国地区通风纳凉的需求又实现防盗功能，尽显古人建筑智慧。

“银钱堆满”的十三行早已消失于火患，机杼声也早烟消于玉器市场的喧闹中，幸锦纶会馆尚存，缝补了近现代广州手工业发展之历史拼图。锦纶会馆不仅是广州丝织行业发展的历史见证，更是中国海上丝绸之路的重要物证之一。

如今锦纶会馆已成为广州市纺织业博物馆，行业东家们退场，民间工艺与历史文化登场，光影自明瓦窗格明亮铺地，习习穿堂风掠过青云巷，任身旁车马喧闹，唧唧机杼声仿佛复作于耳畔。

第三章

宜民之乡

Livable Town

乡在何处，梦归何处？
在一片绿波柔荡里，在无边的广阔田野上，
在蓝天烈阳下，在星汉皓月下，
寻找岁月变迁中，永恒不变的柔乡。

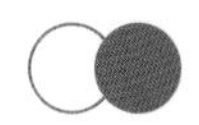

宜民之乡

Livable Town

群山之南纷扰远离，鱼米水乡福泽绵长。

广裕祠
Guangyu Ancestral Hall

南宋宰相陆秀夫在广东崖门以身殉国后，其南迁后裔中有部分族人辗转迁移至今广州钱岗村，名臣之后，注定要在钱岗这片土地上留有风云变幻的不凡之举。

图注

上图　广裕祠前方的照壁与第一进翼墙相呼应，体现官式的大气周正

下图　明代之古拙典雅，清代之繁杂精细，兼杂西式风格的融入，各种材料各种形制并存，广裕祠处处皆可看

/ 从天井望出去，能看到村中葱郁的景色 /

{ 诗书开越，忠孝传家。古老**祠堂**在六百年岁月中守护一脉芳华。}

/ 梁上留有广裕祠的重修记录 /

岭南建筑史的年代标尺，岭南古建筑的宝贵标本

The scaleplate of Lingnan architecture history and the precious sample of Lingnan ancient architecture

<< 全国重点文物保护单位

2006.05 第六批

广裕祠

Guangyu Ancestral Hall

年代：明 — 清
地址：广州市从化区太平镇

Date: Ming Dynasty — Qing Dynasty
Address: Taiping Town, Conghua District, Guangzhou

The Guangyu Ancestral Hall, which has important historical, architectural and aesthetic values, is an important ancient building for researching the history of the migration of the northerners to the south and the syncretic development of the architectural styles of the north and the south. In 2003, the Guangyu Ancestral Hall Conservation and Restoration Project won the first prize of the UNESCO Asia-Pacific Cultural Heritage Protection Award-Outstanding Project Award.

图注

1. 黄昏下的钱岗古村
2~3. 村中的“村胆石”以及村门，古村构造严谨可见

位于广州市从化区钱岗村的广裕祠是陆氏家族宗祠，大门两边镌着一副对联：诗书开越；忠孝传家。这八个字记载着两位陆氏祖先——陆贾和陆秀夫的丰功伟绩。村中陆氏，便是以身殉国的南宋宰相陆秀夫的后裔。

广裕祠兼具重要的历史价值、建筑价值和美学价值，是考据北民南迁历史以及南北建筑风格互相借鉴发展的一座重要古建筑——屋面素瓦、悬山屋顶、堂内梭形柱，柱础配有櫍，以及大门两侧的翼墙和砖石结构的八字形照壁，这些北方风格的建筑元素、形制，在广府地区颇为罕见。

广裕祠在各进脊檩、横枋、侧墙等各处有多项确凿、珍罕的维修年代记录，分别是：明嘉靖三十二年、明崇祯岁次己卯（即明崇祯十二年）、清康熙六年、清嘉庆十二年以及民国四年等 5 处，广裕祠因此也是全国发现的唯一一座有 5 处确切重修年代记载的祠堂。著名文物考古学家麦英豪说：“在南方的广东，这是第一次发现有确切建筑年份的古建筑，是非常宝贵的建筑标本，对于研究古代建筑及祠堂文化有重要价值。”

而广裕祠西侧西更楼上，一块反映清代珠江江岸生活风情画的封檐板——“江城图”封檐板，被誉为“广州的清明上河图”。广裕祠所在的钱岗村，历史肌理保存完好，在 2003 年广裕祠保护修复项目获得联合国教科文组织亚太地区文化遗产保护奖第一名——杰出项目奖，这是中国首次获得该奖项的头名。获奖公告指出，广裕祠出色的修复工作是村民、政府机构和技术顾问组织精诚合作保护地方遗产的杰出范例。

瓜瓞绵延的百世周宗，逾千秋亦流芳

The thriving Wei clan has been remembered throughout more than thousands of years

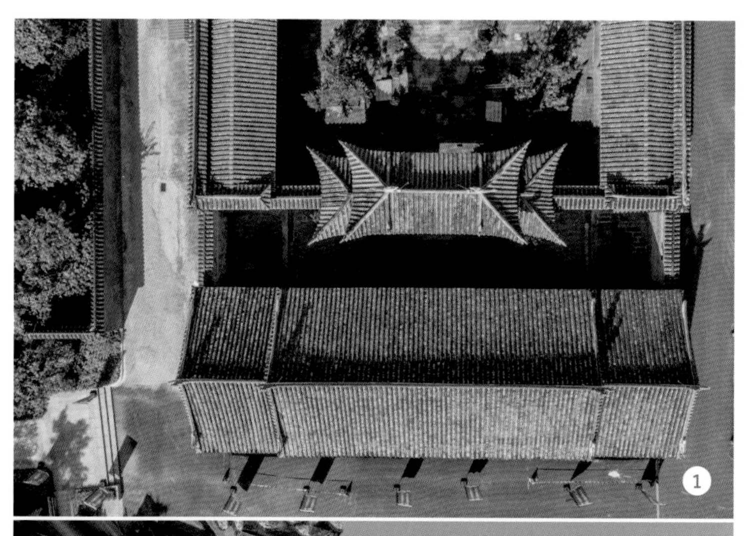

名门之后的百年宗祠，在时光流转中传承着诗礼之风。

<< 广东省文物保护单位

2012.10 第七批

沥滘卫氏大宗祠

Wei's Ancestral Hall in Lijiao

年代： 明

地址： 广州市海珠区沥滘村

广州有句俗语："未有河南，先有沥滘。"沥滘村是典型的岭南水乡，位于沥滘水道的北岸，是由卫、罗两姓主导的宗族村落，开村已近900年。

位于广州市海珠区沥滘村的卫氏大宗祠，始建于明朝，清代重修，是沥滘村卫姓家族祭祀祖先和先贤的场所。与沥滘村其他宗祠面向河涌支流不同，卫氏大宗祠面向宽阔的沥滘水道，足见其尊崇之地位。

相传卫氏家族为春秋战国时卫国后裔，南宋时南迁到今天的沥滘村，明代时因祖上有明嘉靖皇帝的外孙婿，才准许建造这气派不凡的大宗祠。

卫氏大宗祠于明万历四十三年（1615）建成，距今400余年。坐北朝南，五间四进三天井的建筑布局，从前至后依次由头门、仪门、拜亭、中堂和后堂组成，占地面积2000多平方米，平整规肃，规模宏大。其中仪门南面题额"百世周宗"，两旁刻有"文章华国""诗礼传家"，自是透出一派与众不同的贵胄之气。

仪门的特别之处还在于层层叠叠的"燕子斗拱"，相传只有皇亲国戚才有资格建造，卫氏大宗祠是广州地区唯一有此特征的宗祠。祠堂内有明代红砂岩石柱、柱础、栏杆、瓦脊及石碑、长案等，均保存完好。在祠堂中堂，安放着12块大型屏风。这组屏风由乾隆皇帝御赐，用来表彰当时卫氏60岁以上的老寿星。屏风上下部的浮雕图案十分精美，体现了古代劳动人民的卓越才能和艺术创造力。

宗祠代表着家族祖先信仰的优秀文化传承，具有较大的社会影响力和历史价值。随着村落发展，卫氏族人人口在不断扩大，部分族人离开村落外出打拼，但每逢正月十五，所有宗亲都会回到祠堂团聚，共度村中特有的元宵贤寿会，传承孝道。无论时光如何流逝，宗祠一直都是族人与村落连接的纽带，这气度恢宏的大宗祠，静静守候900年古村、庇佑着这一方子民。

Date: Ming Dynasty
Address: Lijiao Village, Haizhu District, Guangzhou

Lijiao Village is a Lingnan watery village that has been established for more than 900 years. The Wei's Ancestral Hall in Lijiao was built in the Ming Dynasty as a place for the Wei family to worship their ancestors and sages. The ancestral hall is of great scale. Dougong brackets looking like swallows on the second entrance gate are said to have been built only by the royal relatives, and the Wei's Ancestral Hall in Lijiao is the only one in Guangzhou with this symbol.

图注

1. 航拍沥滘卫氏大宗祠
2. 精美的木制斗拱
3. 卫氏大宗祠名匾
4. 气派不凡的宗祠，足见卫氏的辉煌

4

{ *古桥通福*，桥眼五通连水秀。}

省佛自此成通途，尚书捐建第一桥

There has been a thoroughfare between Guangzhou and Foshan, since a minister of revenue donated to the first bridge

<< 广东省文物保护单位

2008.11 第五批

通福桥

Tongfu Bridge

年代： 明
地址： 广州市荔湾区芳村石围塘五眼桥涌

Date: Ming Dynasty
Address: Wuyanqiao Stream, Shiwei Pond, Fangcun Village, Liwan District, Guangzhou

Tongfu Bridge is a stone arch bridge with five holes, also known as the "five-eye bridge". It played an important role as the first bridge between Guangzhou and Foshan during the Ming and Qing Dynasties. It is still well preserved today, maintaining the traffic between surrounding villages and urban areas of Guangzhou.

图注

1~2. 省佛通衢第一桥
3. 因当年商贸繁荣，桥侧当铺、商铺林立
4. 桥畔的民居仍能窥见当年的繁华气象

通福桥位于广州市荔湾区五眼桥村的秀水涌上，是一座呈南北走向的五孔石拱桥，广东人称孔为眼，所以通福桥又被叫作“五眼桥”。

通福桥始建于明朝万历年间（1573-1619），为其后官至户部尚书的佛山人李待问捐建。《南海县志》记载道：“李待问，字葵如，明万历甲辰进士”“待问为人忠孝、廉恪、敏毅、乐捐”，李公为官勤勉，分管漕运多年，深知路通财通的道理，带头捐建了连通广佛、接驳路网的广佛古道、通福桥、通济桥，乡民为了纪念他，将“省佛通衢”的通福桥又称为李公桥。

通福桥曾是明清时期省佛（今广州与佛山）陆路大道上的第一桥，为省佛两地之间的商贸互通、民间往来发挥了巨大作用，桥上车马喧闹的繁荣气象，一直延续了数百年。据《南海县志》：“五眼桥即通福桥，嘉庆间重修，费金钜万，桥为省佛通衢，西水渡头，十八乡船往来均泊此。”当年桥上车水马龙，商贾云集，各地的船只往来如云，通福桥一带成为商贸繁荣的商品集散地。

桥的造型和结构别具特色，宽孔薄壳，五孔以中间一孔最宽，其余四孔稍窄，两边对称，两头设台阶。桥以红砂岩石为主体，桥面铺设红砂岩石块，护栏用花岗岩条石镶嵌，桥墩下部用花岗岩砌筑分水尖。考虑到车马通行，桥梁在设计上坡度小、桥栏低。通福桥基础牢固、泄水快速，数百年来未曾发生桥基下沉的情况。

今天通福桥虽早已不是“省佛通衢”的通行要道，但至今依然发挥着一桥通两岸的交通疏导作用，为周边居民提供了出行便利。数百年来，通福桥也是一条充满人情味的“福气”桥——当年数不清的佛山学子，从通福桥踏入省城广州赶考，高中后每每骑高马或乘轿从通福桥喜气洋洋地返乡。这座浸染了数百年喜气的祥瑞之桥，如今也成为附近居民的吉祥物：哪家有孩子要参加中考、高考，家里的长辈都会带着娃走一趟通福桥，沾沾福气，以求学有所成、金榜题名。

善世堂

Shanshitang Memorial

这座有着 500 年历史的古祠，在一代又一代的传承中依旧熠熠生辉。

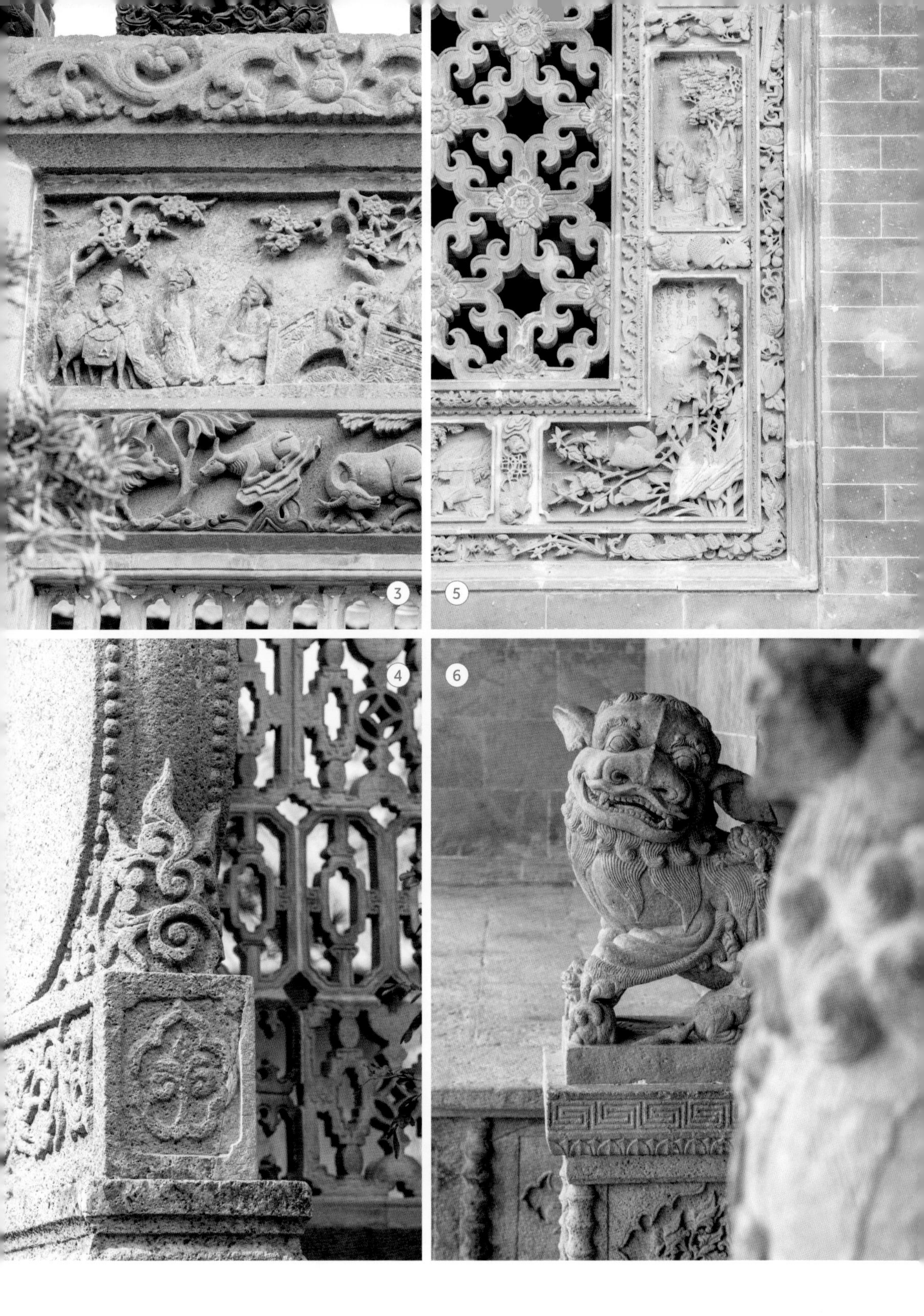

图注

1~2. 壮阔又优雅的善世堂，记录着石楼陈氏的荣光

3~6. 善世堂由岭南地区的能工巧匠修缮，500 多年古老祠堂重新焕发光彩

/几位叔伯坐在头门外，善世堂依旧是凝聚家族的地方/

广州地区最古老的陈氏宗祠，处处巧工匠心，华美气度堪称『东方巴洛克』

The oldest Chen clan ancestral hall in Guangzhou, with its magnificent decoration, is praised as "Oriental Baroque"

历经颇多风雨的善世堂，能够重现光彩，背后是匠人的工艺传承，是族人的坚守，也是学者专家的追求与保护。

<< 广东省文物保护单位

2019.05 第九批

善世堂

Shanshitang Memorial

年代：清

地址：广州市番禺区石楼镇

图注

1. 精美繁华的木雕
2. “善世堂”三字，由戚继光所题书真迹复刻
3. 善世堂建筑细部构件

和广东省七十二县合力合资兴办的陈姓合族祠——陈家祠不同，石楼善世堂为广州市番禺区石楼陈氏六世祖陈道明的祖祠，据光绪年间（1875-1908）石楼人陈希献主修的善世堂藏版《石楼陈氏家谱》记载，石楼陈氏乃东晋大将军陈玄德后人，于南宋时期迁居至石楼。

善世堂是番禺四大古祠之一，始建于明嘉靖年间（1522-1566），万历年间（1573-1619）扩建，清乾隆三十四年（1769）重修。善世堂以《易·乾》中的“善世而不伐，德博而化”之意而名，意思是做善事而不夸耀，德行好便足以教化他人。

善世堂坐北朝南，面阔三间，深三进，建筑由头门、仪门、中堂及祖堂构成，中路建筑皆为灰塑龙船脊，人字封火墙，碌灰筒瓦，青砖墙、花岗岩石脚。其中头门前梁架、斗拱均雕有花纹，额枋上承十七攒如意斗拱，石额刻有“陈氏宗祠”，额下枋刻八仙贺寿图，额上枋刻有 97 个不同字形的“寿”字。据村中老人所述，是留三岁余福给后人的谦让之意。

仪门为四柱三间三楼，砂岩石砌筑，额枋、抱鼓石均刻流云、龙凤呈祥和花卉纹饰，1971 年被台风刮毁，现仅存石柱、抱鼓石、额枋等部分构件。石狮华美，笑容可掬，不似他处巍峨冷峻，老人们说，石楼陈氏，向来笑口常开、与人为善。

穿过仪门便是中堂，中堂明间正中悬挂贴金木刻“善世堂”牌匾，为清乾隆年间（1736-1795）重修时按原明代抗倭名将戚继光所题书真迹复刻。相传当时戚继光被贬至广东，见陈氏一族仍遵守礼制，连声赞叹，故题下“善世堂”。善世堂最北端即为后堂，堂内设一座金漆红木神龛，上雕龙凤呈祥图案，精美繁华。

当年善世堂所存的一座洪圣王座宫神楼，因实在精美绝伦，被借出陈家祠展出，最后以国宝身份，留在了陈家祠，两支陈姓，以岁月里的冥冥因缘，终连接在一起。

古老的善世堂，经历过不少风风雨雨。善世堂在 1959 年被改成农业机械中学，后来又先后被用做织布厂、服装厂等厂房，因国蔽作公用，得以完好保存下来。2012 年善世堂开始进行修缮，修缮前，陈氏后人在各处学习观摩，严格恪守修旧如故的原则，采购传统的鸭屎石、红砂岩、花岗石等石材，请传统工艺名匠重修重建，一切尽如原样。

历时八年，善世堂修缮全面竣工，终于让这座有着 500 多年历史的古老祠堂重现昔日的艳丽光彩。

Date: Qing Dynasty
Address: Shilou Town, Panyu District, Guangzhou

Shanshitang Memorial is the ancestral shrine of Chen Daoming, the sixth ancestor of the Chen Family in Panyu District, Guangzhou. It is one of the four ancient shrines of Panyu, built during the Jiajing period of the Ming Dynasty. The antique ancestral shrine had been restoring since 2012. Eight years later, it has been given totally a new look.

沙湾留耕堂

Liugengtang Memorial

在广府核心地带，留耕堂是反映近海地域建筑特色、呈现诗书气象的建筑艺术集大成者。工丽宏伟的留耕堂的背后，亦是人才济济的何氏一族的奋斗史。

图注

1. 留耕堂头门仰视
2. 留耕堂内梁架
3. 留耕堂头门斗拱及木雕
4. 留耕堂象贤堂

三凤流芳留耕堂，诗香世泽沙湾何

Three outstanding ancestors left a reputation in the Liugengtang Memorial, and scholarly atmosphere influences descendants of the He clan

恢宏的建筑气势，高超的雕刻艺术，还有丰富的文化底蕴。

<< 全国重点文物保护单位

2019.10 第八批

沙湾留耕堂

Liugengtang Memorial

年代：清
地址：广州市番禺区沙湾镇

图注

1. 三重如意斗拱，极其精美
2. 门前的旗杆夹，见证何氏的“诗书世泽”

留耕堂又名何氏宗祠，是沙湾大姓何氏宗族的祖祠，“留耕”两字取自“阴德远从宗祖种，心田留与子孙耕”。建祠言志，意寓何氏一族积善种德，福泽后人。

沙湾何氏很早就成为珠三角一带的名门望族，北宋就有兄弟三人同中进士，时称“何家三凤”，而何氏一族的书香历久弥馨，人才辈出。为加强宗族凝聚力，元代初期何氏始建留耕堂，距今已有 700 多年的历史，其后饱受战火与人祸之害，屡毁屡建——据记载，元末、明洪武、明正统、清康熙等各期留耕堂均有重建。现存建筑为清康熙年间（1662-1722）扩建而成，比号称“百粤冠祠”的陈家祠早了 170 多年。

留耕堂占地面积约 3300 平方米，地势北高南低。依次为大池塘、大天街、头门、仪门（牌坊）、丹墀（天井）、月台（钓鱼台）、享堂（象贤堂）、寝堂（留耕堂）及东西庑廊和衬祠。

留耕堂的头门最具特色的地方是门顶横梁，梁上木雕极其精美，特别是 33 个三重如意斗拱，木雕的内容繁复精巧，或奇花异卉、飞禽走兽，或风云人物、历史传奇，无不栩栩如生，整座头门的梁、枋、斗拱共同构成了一组令人叹为观止的岭南建筑艺术珍品。

留耕堂仪门是一座高大的石牌坊，正面额刻“诗书世泽”，以示沙湾何氏人才辈出的书香门第

Date: Qing Dynasty
Address: Shawan Town, Panyu District, Guangzhou

Liugengtang Memorial in Shawan, also known as He's Ancestral Hall, is a large ancestral shrine of the He clan in Shawan. It was destroyed and then was rebuilt again and again. Present scale of the hall was expanded during the Kangxi period of the Qing Dynasty. It has attracted a great deal of attention for a long time, because of its magnificent architecture, superb carving art and rich cultural connotation.

2

基因。背书“三凤流芳”四个苍劲大字，正是为了表彰北宋后期考取进士的何氏三兄弟，这当时被尊称“何家三凤”的三人，作为家族榜样流芳后世。正反这八个字，均为明朝大儒陈献章（白沙）所题写。

享堂又叫象贤堂，进深达 17 米多，为古祠中少见，正中一前一后悬“大宗伯”“象贤堂”两块红漆金字木匾，“象贤堂”是纪念沙湾何氏的宗祖何德明（号象贤）而设，由 4 根石柱和 24 根两人合抱的大木柱支撑，整体空间挺拔而显巍峨、深远而更觉幽静，梁、枋、驼峰斗拱均有巧夺天工的吉鸟瑞兽、花果虫鱼等复杂木雕，令人目不暇接。

作为沙湾望族，何氏在这座祖祠的建造上毫不吝惜人力物力——全祠的木柱，是当时从东南亚采购回国；顶级的石雕、木雕、砖雕、灰塑……各行当的能工巧匠悉数请来，劳心费力又耗时，终为世人留下了一座气势恢宏、技艺高超而底蕴深厚的岭南建筑瑰宝。

As a literary family, the He clan in Shawan was famous among the clans in Pearl River. In the early Yuan Dynasty, the He clan started to build the Liugengtang Memorial, which has a history of more than 700 years so far. Many of the He people were admitted in the imperial examinations. The "Sanfeng Liufang" calligraphy sculpture on the second entrance gate of the hall is to honor three brothers of He, who had successfully passed the highest level of the imperial examinations in the late Northern Song Dynasty.

图注

1. 留耕堂头门外观
2. 留耕堂天井
3. 留耕堂月台石雕
4. 留耕堂所在的沙湾镇，每年都会举办北帝诞
5. 精致的砖雕，显现了何氏宗族当年的显赫
6. 颇有近海建筑特色的牡蛎（蚝壳）外墙

{ 古时广州城北交通要道，第二次鸦片战争的 *历史见证*。}

古道由此成通途，百年石桥渡古今

The ancient road has become a thoroughfare from then on, and a hundred years of stone bridge has survived from the ancient to the mordern

<< 广东省文物保护单位

2002.07 第四批

石井桥

Shijing Bridge

年代：清
地址：广州市白云区石井街

Date: Qing Dynasty
Address: Shijing Jie, Baiyun District, Guangzhou

During the Ming and Qing Dynasties, there was a road passing through Shijing River. In order to facilitate the traffic, local gentry gathered people from all over the town to raise funds, and build a stone bridge over the Shijing River. Shijing Bridge was not only a major traffic route of northern Guangzhou in ancient times, but also a historical witness of the Second Opium War, having experienced the baptism of fire.

图注

1. 石井桥仍是附近居民常走的交通要道
2. 英军炮弹洞穿的弹孔痕迹
3. 桥头抱鼓石上刻“道光岁次辛卯”
4. 石井桥侧面
5. 拥有百年历史的石井桥

明清时期，由省城广州通往花县（今花都区）、清远、佛山等地有一条贯穿南北的古驿道，古道经过石井墟时，石井河蜿蜒横亘墟中，行人须渡石井河而前行，渐渐因行人往来熙攘，商贾邮差穿梭，终在此地形成了商贸发达的石井墟。

为改善渡河之不便，清道光十一年（1831），当地乡绅召集各乡民众募捐，在石井河上建造起一道梁式石桥，这便是“石井桥”。

石井桥为东西走向，为朴素浑厚的五孔石梁桥，桥身全部用花岗岩石材铺砌，长约 68 米，宽约 3.8 米，共 6 个桥墩，桥墩前后各砌有分水尖，桥面两侧均设有雕花石栏。石井桥的东西两桥头原各建有一亭，西亭因扩建马路而被拆除，现仅存东亭。东亭为歇山顶，上铺绿色琉璃瓦。

石井桥的两端桥头的两侧抱鼓石上刻有“道光岁次辛卯”“石门周合盛造”字样，桥东边的桥栏石望柱上阴刻有一副对联：“彼岸逢黄石；横江映白虹”；桥西边的桥栏石望柱上也阴刻着一副对联：“好进仙人履；能通驷马车”，两副对联都藏着仙人、高人暗中指导石匠周合盛顺利完成石井桥的神奇传说，也从另一侧面反映了石井桥修造技术的高超。

石井桥不仅是明清时期广州城北交通要道的重要节点，也经历了战争的炮火洗礼，见证了第二次鸦片战争的沧桑岁月：清咸丰六年（1856）9 月，早不甘受制于清政府入城限制的英国人，以“亚罗”号船事件为借口，挑起第二次鸦片战争，1857 年 12 月，英国与法国组成联军炮轰广州，随后更攻入广州城，肆意掠夺。1859 年 1 月 4 日，英军 1000 余人向石井进犯，周边各村的社学组织民众奋起抵抗，在石井桥附近展开激战，最终以英军悻悻退兵告终。今天在石井桥南侧的石栏板上，仍留有当时被英军炮弹洞穿的弹孔痕迹，记录岁月长河中石井人的铮铮铁骨。

如今 100 多岁的石井桥，仍无比坚稳地横跨于石井河上，桥身保存完好。100 年来，桥上依旧行人如鲫，岁月更替，唯这卧江长虹般的石桥承载的匠心与风骨，应与石井桥一样，成为广州历史中耀眼的一章。

图注

1. 多彩、精美的装饰元素
2. 如今逾 150 岁的资政大夫祠建筑群，仍然保持完整的构建规模
3. 石刻的仪门
4. 岭南建筑的典型象征，镬耳山墙

规模大、建筑美、保存好的 **岭南古建筑瑰宝。**

广州最大祠堂群，百年巍峨华美厦

This Guangzhou's largest ancestral hall complex stands majestically for hundreds of years

<< 广东省文物保护单位

2002.07 第四批

资政大夫祠建筑群

Zizheng Dafu Temple Buildings

年代：清
地址：广州市花都区新华镇

Date: Qing Dynasty
Address: Xinhua Town, Huadu District, Guangzhou

During the Tongzhi period of the Qing Dynasty, Xu Fangzheng and Xu Biaozheng, cousins of Sanhua Village, were appreciated by the court. Xu Fangzheng's father and grandfather were canonized as the "Zizheng Dafu" by the Tongzhi Emperor. In order to show off the imperial grace, Xu Fangzheng built the Zizheng Dafu Temple. There are Nanshan Academy, Hengzhi Xu's Ancestral Hall and Shuixian Ancient Temple around the Zizheng Dafu Temple, and they constitute a large scale of building complex of Zizheng Dafu Temple.

位于三华村西隅的资政大夫祠，是比广州著名的陈家祠要早建 20 年的祠堂，如今已有 150 多岁。

三华村当地居民多姓徐，徐亨之是该支徐姓的先祖。清同治年间（1862-1874），三华村徐族同姓堂兄弟徐方正、徐表正共同任职兵部，深得朝廷赏识，同治皇帝把徐方正的祖父徐德魁、父亲徐时显封为“资政大夫”，把徐表正的父亲徐时亮封为“奉直大夫”。

既得皇恩浩荡，徐氏兄弟为光耀门楣，建造了资政大夫祠，又建造了南山书院。为赞先哲盛德，徐氏后代又续建了亨之徐公祠。相邻的资政大夫祠、南山书院、亨之徐公祠与水仙古庙等建筑共同构成了规模庞大的资政大夫祠古建筑群。

建筑群占地约 18000 平方米，主体建筑面积达 6000 多平方米，它是广州地区目前发现的建筑规模最大的祠堂建筑群，对研究清代的民间祠堂建筑有重要价值。

资政大夫祠古建筑群为“三列三进六廊”形式，坐南朝北，整体建筑为砖木结构，陶塑瓦脊，其富有广府特色的镬耳山墙，高耸巍峨，井然成列。资政大夫祠那座镌有同治帝诏书的圣旨牌坊，更彰显三华徐氏的显赫身份。

在水仙古庙，藏着一段徐氏远祖与异姓友人何御史肝胆相照的传奇友情，至今农历九月初九御史生辰，三华徐氏都开筵酬神，古庙香火甚旺，信众络绎不绝。

资政大夫祠古建筑群的整体建筑集广府建筑装饰艺术之大成，砖雕、石雕、木雕、灰塑、陶塑、彩画……无不活灵活现、生趣盎然，充满浓厚的民间艺术气息。其规模之大、建筑之美、保存之好，在花都、广州乃至广东全省都是极为罕有的，可以说是我国岭南民间艺术建筑的又一典型。

如今，资政大夫祠也成为展示广府建筑之美的窗口：广府建筑中，独具特色的灰塑，在花都有着厚实的创作基础——花都为广府地区输出了无数的灰塑巧匠，祠中长年展示灰塑的制作过程，解读其最富代表性的祥瑞图案，使灰塑这门艺术瑰宝，得以系统地呈现眼前，重焕华彩。

余荫山房
Yuyin Garden

园内不见当年人，福荫尚留赠后辈。

水绕宅旁，风生水起，
这是一座 **山与水、动与静**、过去与未来融合的园林。

玲珑园里纳天地，咫尺院中造山林

The exquisite garden contains the universe, and mountains and forests are created within a small space in the courtyard

<< 全国重点文物保护单位

2001.06 第五批

余荫山房

Yuyin Garden

年代：清
地址：广州市番禺区南村镇

Date: Qing Dynasty
Address: Nancun Town, Panyu District, Guangzhou

Yuyin Garden was the private garden of Wu Bin, a scholar in the Tongzhi period of the Qing Dynasty. Known as one of the four famous gardens in central Guangdong, Yuyin Garden is famous for its exquisite layout. Buildings are positioned in a scattered style. Landscape design and plant configuration accord to the principle of adapting to local conditions.

图注

1. 绿柳后的浣红跨绿廊桥
2. 余荫山房前广场
3. 八面通透的玲珑水榭

余荫山房是清同治年间（1862-1874）举人邬彬的私家园林。同治六年（1867），辞官的邬彬回乡兴建园林，同治十年（1871）山房落成。山房地皮由族人所赠，邬彬为人和善乐捐，二子亦先后中举，是为“一门三举人”，因感念先祖的福荫，取“余荫”二字作为园名，故称“余荫山房”。

余荫山房也叫余荫园，布局精巧，以小巧玲珑、小中见大著称，是粤中四大名园之一。

“余地三弓红雨足，荫天一角绿云深”，这副点题的门联位于余荫山房园门两侧，道出了这岭南名园的两大特点：一弓为五尺，三弓之园方寸之地，却“红雨足”“绿云深”——小天地间却是一派四季花放、绿树成荫的气象。余荫山房实不大，全园占地仅 1589 平方米，以“缩龙成寸”的手法布置咫尺山林，仅用不足三亩之地，便营造出园中有园、景中有景、环环相扣、层层递进的山水佳境。

园内建筑成散点式自由布局，以廊桥为界划分为东西两区。西区北有深柳堂，南有临池别馆，中间隔以莲池，池东侧引一水道连接东区。东区水系以环抱式围绕玲珑水榭，水系外遍植树木花卉，再次形成绿意盎然的合围。卧瓢庐、来薰亭、孔雀亭点缀在花木间，园中景致便随着游人的脚步流动起来，走走停停、移步换景，又为游人提供了更多的景观角度。

余荫山房以庭院为中心、以水系相连通，水带来了徐徐风送，巧妙地解决了岭南地区炎热潮湿的通风问题；从花卉苗木的选择上看，也贯彻了疏密有致，因地制宜的特点。

八角形的玲珑水榭是余荫山房东区的主要建筑，四周有八角环池围绕，任酷暑亦有清风纳入，正门向东，有小桥跨越环池，西北面设侧门，以曲式廊桥跨越环池，从任一门进，都是一步一步渐入佳境。

余荫山房的满洲窗将“邀天地入怀”的精神进一步深化。深柳堂厅堂两侧为栀子花套岭南花果茭荷彩色窗，临池别馆的满洲窗则饰以菊花。关于光影，园主人更是再发奇思妙想：卧瓢庐正南面蓝白菱形纹样的满洲窗，给园中景物加上“滤镜”，透过双层蓝玻璃看园中碧树，变出树树红叶，秋意满窗；透过单层蓝玻璃再看时，所见景物如披上皑皑白雪，为四季如春的广州，弥补无秋无冬的天然缺憾。

陈家祠堂
Chen Clan Ancestral Hall

在一众古建中稍显年轻的陈家祠堂，却是传统岭南建筑的代表之一，木雕、砖雕、石雕、陶塑、灰塑、彩绘画、铜铁铸的极致工艺齐聚一堂，陈家祠如同时光分割线，是广州古城步入现代城市前，对传统文化的最后一次礼数周全的致礼。

图注

陈家祠堂精湛的雕塑工艺，可谓是集岭南诸般工艺之大成

陈家祠堂展现了清代传统岭南建筑的盛大格局，建筑中的每个 **细节**，都有其华美且富蕴含义的设计，绚丽夺目，工精艺巧。

巍巍百年陈氏合族祠，烁烁岭南建筑之明珠

The majestic hundred-year-old Chen Clan Ancestral Hall, and the pearl of Lingnan architecture

陈家祠筹建于清光绪十四年（1888），至二十年（1894）落成，是广东省 72 县陈姓宗亲捐资兴建的合族祠，在当时又被称作“陈氏书院”。

在清代，地方宗族士绅为了本族利益，每每通过建祠、修谱，以塑造其合乎礼制的正统形象，彰显其宗族的实力，增强其宗族的凝聚力，提高其宗族的社会地位。而清朝政府为控制宗族势力的膨胀，对民间建立合族祠的行动严加限制。为此，祠堂以书院之名，正是为了使其身份合法化。

陈姓是广东人数最多的姓氏，为了体现陈姓望族的地位，同时为实现祭拜先祖、宗族联谊，方便陈氏子弟赴省城广州读书应举，由广东陈氏族中 48 位乡绅名流联名，向全省各地陈姓宗族发出建造陈氏书院的倡议，得到了广东各县陈姓宗亲的积极响应、捐助。

陈家祠堂建成后，以其恢宏之规模、精妙之工艺，此后的百余年里，皆为当之无愧的“岭南建筑艺术的明珠”。 陈家祠坐北朝南，广五路，深三进，以中轴的厅堂为主体，两侧为偏厅，两边以偏间廊庑围合，组成封闭的建筑群体。每座单体建筑以青云巷隔开，有长廊相连，六院八廊互相穿插，屋宇相连、庭院互通，整体占地面积达 1.6 万平方米。郭沫若曾赋诗称赞陈家祠堂：“天工人可代，人工天不如。果然造世界，胜读十年书。”

陈家祠的建筑语言，是繁复细致的，是色彩华丽的，全祠上下内外的建筑装饰，可谓集岭南民间建筑艺术之大成，石雕、木雕、砖雕、陶塑、灰塑和铁铸雕等不同材质、不同风格的装饰工艺异彩纷呈，表达题材从神话传说到民间故事，从楼阁亭宇到花鸟鱼虫——这些装饰构建出一所岭南民间工艺的时空殿堂，封存着极盛时期的精致繁华，以及祠堂建筑的丰厚传统蕴含。

<< 全国重点文物保护单位

1988.01 第三批

陈家祠堂

Chen Clan Ancestral Hall

年代： 清
地址： 广州市荔湾区中山七路

Date: Qing Dynasty
Address: Zhongshan 7 Lu, Liwan District, Guangzhou

Chen Clan Ancestral Hall was built in 1888 and completed in 1894, donated by clansmen from 72 counties of Guangdong. It was also called the "Chen's School" at that time. The architectural decoration of the ancestral hall is a collection of various types of Lingnan folk architectural decorative techniques, preserving the exquisite prosperity of the golden age.

图注

1. 砖雕、灰塑、陶塑集于一面
2~4. 色彩华丽的陈家祠， 不输繁花景
5. 气势磅礴的陈家祠，起初是作为“陈氏书院”而建的

相比同在花都区建村规模更大的塱头村、茶塘村，藏书院村的可贵之处，应是对非物质文化的**坚守**与**传承**。

藏于青山下的书香村落，却是世代洪拳传承地

The village with a scholarly atmosphere hidden under the green hill, is a place where the Hong Quan has been passed down for generations

藏书院村位于广州市花都区炭步镇西南，村落坐西南朝东北，后有靠山，前是连绵水田，村落藏于青山绿树间，一派安定小康而寿长之气象，所以村庄先以淡泊平和的“藏寿”为名，后因县考中同村多人考中贡生，考官特意送来“藏书院”牌匾以资鼓励。自此，这座明朝建村的小村落，有了一个散发书香的新名——藏书院村。

于明朝中叶开始，藏书院村的谭氏始祖在此开村，立村 400 余年，谭氏祖训“耕读为身家之本”，历代人才辈出，村内书院、书舍、家塾比比皆是，也正呼应了藏书院之名。藏书院村人能文，亦能武，村中家家户户都有习“洪拳”之传承，相传村中的洪拳练功方式和拳法套路，是受洪熙官亲传，在藏书院村至少传过了 9 代。2015 年，因保存有最为原生态的洪拳，藏书院村洪拳被评为第五批广州市非物质文化遗产代表性项目。

村中现今留有古建约 70 处，多为明清时所建，其中敦仁里门楼外层，为明代遗存。村面建筑沿风水塘一字排开，以谭氏宗祠、洪圣古庙最为精妙。2015 年 12 月入选第八批广东省文物保护单位的谭氏宗祠始建于清咸丰元年（1851），清光绪三十四年（1908）重修，坐西南朝东北，广三路，深三进，总面阔 23.6 米，总进深 39.1 米，建筑占地 900 多平方米。谭氏宗祠采用人字封火山墙，灰塑博古脊，碌灰筒瓦、青砖墙以及红阶砖铺地。中路建筑头门共 11 架；中堂共 17 架，前设四架轩廊；后堂共十五架，中路前带两廊，六架卷棚顶左右路建筑为衬祠，各面阔 4.3 米，与中路建筑以青云巷相隔。全祠梁架均为坤甸木料，厚重朴实。

清乾隆年间（1736-1795），历经数次重修的洪圣古庙前，每年中秋都会有精彩热烈的烧禾楼仪式，相比同在花都区规模更大的塱头村、茶塘村，藏书院村可贵之处，应是对非物质文化的坚守与传承。

图注

1. 书院村航拍
2. 谭氏宗祠是谭氏在藏书院村开村、发展的时光留证
3. 藏身老树的洪圣古庙，前面竖有禾楼
4. 敦仁里的门楼外层，为明代遗存物

<< 广东省文物保护单位

2015.12 第八批

藏书院村谭氏宗祠

Tan's Ancestral Hall in Cangshuyuan Village

年代：清
地址：广州市花都区炭步镇

Date: Qing Dynasty
Address: Tanbu Town, Huadu District, Guangzhou

Tan's Ancestral Hall in Cangshuyuan Village has an ancestral motto of "Farming and reading are the foundation of wealth". After the clansmen settled down, they began to build the Tan's Ancestral Hall in the first year of Xianfeng in the Qing Dynasty, with a decorous and plain style. Various sculptures use the typical patterns of Lingnan ancestral halls, which mean auspiciousness.

塱头村古建筑群
Ancient Buildings in Langtou Village

塱头村保存了明清时代青砖建筑近 200 座，其建筑占地面积宏大、布局严谨，村落之远山近水绿树相绕的宜居格局，可谓是岭南民居聚落的典范。

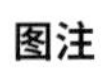

图注

上图 塱头村鸟瞰图
下图 塱头村古建筑群

塱头村保存了格局完整的明清古建筑群
是研究岭南人居的 完美样本。

村外四水绕村舍，屋中万卷是书香

Surrounded by water outside the village, the cottages are immersed in the scent of books

<< 广东省文物保护单位

2015.12 第八批

塱头村古建筑群

Ancient Buildings in Langtou Village

年代： 清
地址： 广州市花都区炭步镇

Date: Qing Dynasty
Address: Tanbu Town, Huadu District, Guangzhou

Langtou Village is a well-preserved village with a rigorous layout and grand scale. It is the largest ancient village with Lingnan characteristics preserved in Guangzhou. There are nearly 200 brick buildings of the Ming and Qing Dynasties conserved. Mainly composed of ancestral halls and schools, the ancient buildings reflect the local atmosphere of emphasis on education.

图注

1. 村中遗留了大量的古祠堂
2. 黄皞、黄学准父子两乡贤为接圣旨而建造的接旨亭
3. 精美的石雕随处可见

4~6. 砖雕、石雕……皆可见塱头村过去的繁华景象

广州市花都区炭步镇的塱头村，紧依白坭水。珠三角水系繁密，故地名多显水乡特质，“塱”指的是江、湖边的低洼地，所以便知，塱头村这一片原都是连绵的低洼水泽，村庄则立于泽边的土丘之上，故得名塱头。

村落分为东、中、西三社，东社和中社相连，与西社以河涌相隔。前有风水塘，四周水系相通，既得防御之便利，又自成风生水起、酷夏自生风的宜居格局。

村民多姓黄，黄姓一族于元朝在此立村，至今已有 700 多年历史。村前地坪宽阔，塘基种满荔枝、龙眼和榕树，与村头、村尾数棵参天古榕和古木棉树，围绕古村串出绵延的绿色璎珞。

村中建筑整体呈梳式布局，坐北朝南，布局严谨，建筑占地 6 万多平方米，规模宏大。远有山、水相绕、绿荫匝地，屋宇整洁、排列长幼有序，塱头村可谓是旧时岭南水乡之人居典范。

村中现存完整的明清时代青砖建筑有近 200 座，其中祠堂、书室、书院共有近 30 座，炮楼、门楼共 3 座，是目前广州市保存规模最大、极具岭南特色的古村落。风水塘前第一排，以宗祠及书室为主，如友兰公祠、乡贤栎坡公祠、留耕公祠、谷诒书室、云伍公书室等，大多建于清代，部分建于明代，一般为三间三进或三间两进格局，人字或镬耳封火山墙，灰塑博古脊或龙船脊，石雕、砖雕、木雕及灰塑工艺较好。建筑间以青云巷相隔，由东往西纵向贯通，现存有善庆里、新园里、敦仁里等 18 条古巷，巷道尽头设有巷门以御外敌。

大量的书院、书室体现了塱头村尊学重教之风，是“耕读传家”的传统思想和宗族文化的典型体现。历代以来，全村因科考及第的进士有 12 名，举人 10 名，可谓人才辈出。其中最受村民推崇的要数古村“第一高官”、明代刚正不阿的名臣——黄皞。黄皞家规严谨，教子有方，7 个儿子中有 5 个考取功名，明正德皇帝特此恩赐两道楹联嘉奖于他，由此成就了“七子五登科，父子两乡贤” 的传世美誉。

在这种崇文重教的家风影响下，塱头古村成了远近闻名的书香之村，时移世易，村里浓厚的好学气息留有余芬。

茶塘村古建筑群

Ancient Buildings in Chatang Village

一字排开 300 米的宗祠、书舍一条街，可见当年茶塘村的盛况。

图注

1、3、5. 茶塘村四处可见保存完好的古建筑，镬耳山墙层层起伏
2、4、6. 老树、古井，处处是茶塘村的生息旧痕，是越老越好看的人文景观

/ 村中建筑多以庙宇、宗祠及书舍为主 /

{ 昔日茶塘村 **慎终追远** 的美德及 **尊学重教** 的风气，
造就了一个能文尚武，经商有道的一代名村。 }

/ 石雕、木雕 /

/ 砖雕、灰塑 /

仙鹤之福地永增寿长，茶芳之水乡恒得安康

The blessed land of the immortal cranes increases the longevity of life, the water town of the tea fragrance guard the good health

/ 灰塑 /

/ 石雕 /

<< 广东省文物保护单位

2015.12 第八批

茶塘村古建筑群

Ancient Buildings in Chatang Village

年代： 清
地址： 广州市花都区炭步镇

Date: Qing Dynasty
Address: Tanbu Town, Huadu District, Guangzhou

Chatang village has a long history. Villagers, mostly surnamed Tang, moved here from the South China Sea area. They established the village since about 700 years ago. There are nearly 120 well-preserved ancient buildings in the Ming and Qing Dynasties. With a neat layout, the whole building complex faces east, mainly composed of temples, ancestral halls and schools.

茶塘村位于广州市花都区西隅，炭步镇之南。村民多姓汤，汤姓家族自宋代从南海迁至此地，立村约 700 年。相传茶塘之得名，是因汤姓水旁，茶亦为水，有塘能容之，故名之茶塘。清朝时，水西巡检司设于茶塘村相邻的炭步，炭步日渐成繁华墟集，而茶塘也倚仗地利，日增富庶。故今日之茶塘，街面一字排开 300 余米，可遥想当年车马喧闹、货如轮转之气象。

茶塘村为广府古村落常见的梳织布局，村中建筑整体坐东向西，布局规整，现存有较为完整的明清建筑群约 120 座。村居分为北、中、南三社，一条花岗岩条石铺成的石板路贯穿全村。村前地坪开有三口古井，地坪前对应有三口风水塘，水塘外围则是广袤的农田和纵横的河涌。你便可知茶塘村立村的这副对联“茶溢芬芳定卜通神增鹤算；塘疑瑞霭应知得志奋龙飞”里，汤氏开村祖看到增寿的白鹤飞舞、塘里瑞气升腾的这片宜居之土，也是水系勾连之地。

紧依风水塘，村面建筑以庙宇、宗祠及书舍为主，如洪圣古庙、明峰汤公祠、南寿家塾、万成汤公祠、肯堂书室等，大多建于清代， 多为三间三进或三间两进，石雕、砖雕、木雕及灰塑等工艺颇为精细。从空中望去，成片的古建筑夹着青石小巷，人字山墙和镬耳封火山墙如同海浪，此起彼伏。在花都，有“茶塘庙、望头桥”之佳话，意指这两条花都名村，各有精彩地标——在茶塘，便是清嘉庆年间（1796—1820）兴建的洪圣庙，代表水乡海神信仰的洪圣庙，所有木构均为南洋坤甸木，山墙也是贴题的水式封火山墙，各种装饰构件精妙繁复。

各建筑之间以巷道相隔，巷口原建有门楼，门楼上均刻有巷名，如现存的“足征里”巷，被村民们称为“财主佬巷”，再次印证了当年茶塘村之富有。茶塘村不仅经商有道，成片的宗祠、书舍，亦体现了茶塘人尊学重教以承宗族之望的抱负。

/ 平和大押屋顶内部 /

『广州最豪华当铺』，记录百年均和墟万客云集之繁华

The most luxurious pawnshop in Guangzhou records one hundred years of prosperity in Junhexu

/ 平和大押正立面 /

作为广州市目前发现保存最完整、规模最大的当铺，是有百年历史、远近闻名的均和墟中保存最完整、最重要的功能建筑。

<< 广东省文物保护单位

2019.05 第九批

平和大押旧址

Site of Pinghe Pawnshop

年代： 民国

地址： 广州市白云区均禾一街

1915年，广州地区发生死伤逾10万人的特大洪水，石马村一带惨遭水患之后无墟市可用，当地乡绅便请上海设计师设计了一处墟集，即为均和墟。均和墟开墟不久便货如轮转、供需两旺，急需一处借贷融资的金融机构。于是1917年，由在上海开店做生意的石马村人袁梓文和黄润和、黎络宗、黄以材等股东筹资，聘请上海建筑师在均和墟设计了一处典当铺，即平和大押。平和大押的建造共花费3万两白银，用18万块青砖建成，成为均和墟中最为重要的功能建筑。

平和大押雄伟壮观，坐东朝西，主要由铺面与库楼构成，铺面与库楼原由吊桥连接，桥下原为防盗的护院河。铺面为岭南传统建筑样式，凹门斗、花岗岩门套，外装具有岭南特色的趟栊门，内安两扇坤甸木门；库楼高大坚固， 形似碉楼，作为储存典当物品使用，其楼体坚如磐石，用料上乘，采用同类建筑中少见的四坡瓦面屋顶。库楼的防御措施十分周全，四个墙角各建有一个外凸半圆形瞭望台，这在广东省内同类建筑中极为少见。平和大押将岭南传统建筑和碉楼防卫建筑有机结合，为典当物品提供最大的安全保障的同时，也表现出别具一格的建筑艺术特色。

平和大押在当时的典当业务范围包括押金、银、珠宝、古玩字画和日用品、衣物，兼营机器、原料、货物等押放业务。中华人民共和国成立后，平和大押旧址收归国有，曾长期作为均和粮油购销站使用。随着改革开放，粮油放开，粮站的功能、粮簿粮票等票证逐步退出历史舞台，平和大押也空置起来。此后曾租给私人做工场使用，如今，这座被誉为“广州最豪华当铺”的平和大押被活化利用为白云区民俗文化博物馆，其周围的均和墟也进行了修缮和活化，文化、教育机构纷纷入驻，让这座文物建筑与历史街区再次焕发生机。

Date: Republic of China
Address: Junhe 1 Jie, Baiyun District, Guangzhou

In 1917, villagers of Shima Village, who ran business in Shanghai, raised funds and hired a Shanghai architect to build a pawnshop—Pinghe Pawnshop in Junhe Market,Shima Village. Combining traditional Lingnan architecture style and defensive architecture style, the Pinghe Pawnshop showed unique architectural art characteristics and provided maximum security for pawned goods at that time.

图注

1. 外凸内圆的瞭望台，分布于外墙四侧
2. 从内部结构可见平和大押之惊人规模
3. 虽是功能建筑，亦在细微处透露地方特色

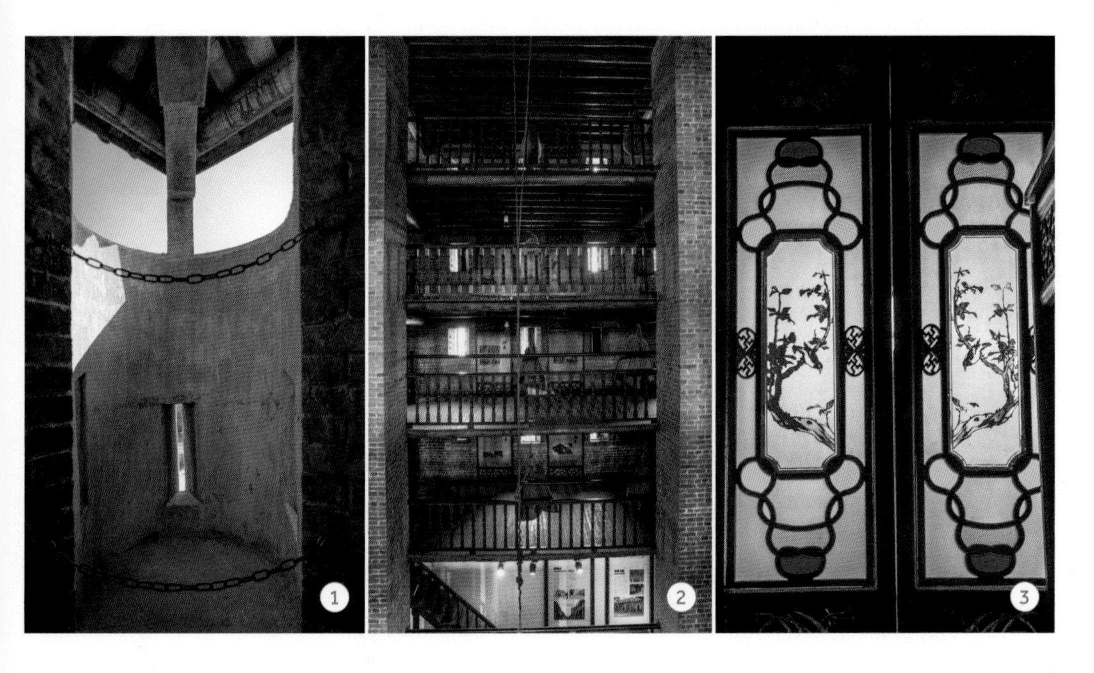

第四章

翰墨之香

Calligraphy Aroma

广州既是东西融合、南北互通的连接地，
各种思潮在这片沃土萌芽，生长出异彩纷呈的广府文化，
而这丰沃的广府文化，亦以各种形式滋养着此地学子，
他们汲取养分，奋笔续写着千年辉煌。

诗养精神墨定乾坤，书香传人心香留世。

岭南心学集大成者，一生服食简朴、所余皆资三千学子的仁师与大儒，
归葬增城天蚕山，应其“春蚕到死丝方尽”的育人精神。

荔林深处长眠三部尚书，著书育人名动一代南宗

Here is a man sleeping under the lychee forest, who served as minister three times, wrote books and educated people, and was known as the master of philosophy of the mind in Lingnan

<< 广东省文物保护单位

2002.07 第四批

湛若水墓

Tomb of Zhan Ruoshui

年代： 明
地址： 广州市增城区永和镇

Date: Ming Dynasty
Address: Yonghe Town, Zengcheng District, Guangzhou

Zhan Ruoshui, a famous philosopher, educator and confucianist in the Ming Dynasty, was a representative of the Lingnan school of thought. Tomb of Zhan Ruoshui was built in the 39th year of the Ming Dynasty (1560). Among the Ming Dynasty tombs in Guangzhou, it is a typical Ming Dynasty tomb style with large scale and well-built plates.

图注

1~2. 被荔枝树环绕的湛若水墓
3. 湛若水墓前的石马

明代著名的哲学家、教育家，一代岭南大儒——湛若水，早年曾拜明朝从祀孔庙的四人之一、心学的奠基者，后世尊为“圣道南宗”“岭南一人”的陈献章为师，认真钻研心性之学，成为陈献章之后岭南学派的一代宗主。湛若水与当时著名理学家王阳明讲学论道于一时，时称“王湛之学”。之后的广东文人学士，不少受到湛若水的理学思想影响。

曾任礼部、吏部、兵部三尚书的湛若水，一生花费许多的精力著书、教学，先后在扬州、贵池、衡山、武夷和广东的罗浮、西樵、广州、龙门、英德、曲江等地兴办教育，独自捐资或带头捐资修建书院 40 多所，“以兴学养贤为己任”，其弟子遍布全国。一生创作有《圣学格扬通》《二礼经传测》《春秋正传》《甘泉集》《增城县志》等著作， 如源源不断的甘泉，浸润着一代又一代后人的心灵。

湛若水的墓地位于广州市增城区的天蚕山麓的一片荔枝林间。相传广州地区广为种植的荔枝品种“怀枝”便是由湛若水从福建将名种荔核揣入怀中，一路带回广州。从空中俯瞰，连绵的荔枝林层层拥抱着长眠 400 余年的先生。先生的墓地用灰沙三合土版筑，气势恢宏，随山势而下分成四级，逐级扩展。坟头由版筑墙绕成半圆筒形，正中处为一座四柱三间的碑楼，分上下两层。下层宽广，正间辟碑龛。上层亦四柱三间，四面缩减，两层的立面如凸字形。上层正间有篆文“谕葬”二字。第二级为拜台， 左右两边的版筑墙上分列双钩篆文“山斗八座贞儒千载，九十五年全归不朽”16 字。拜台在正中间，墓主棺具深埋在拜台下面。第三级前台宽敞。第四级为池座，前边及两侧都有望柱、栏板围成一匝。墓后用灰沙、山石砌筑护土墙，呈半圆形，绕于墓外。墓前约 50 米处原有石牌坊一座，现仅存残石柱、石础。再往前，有文武官吏石人俑、石马。

整体而言，先生的墓地规模宏大，版筑精工，保存较完整。1989 年墓地遭盗掘破坏，墓碑被砸，后重修。

一部部用脚走出、用心描画的著作，是屈大均献给广东大地的一封封情书，

每一封都是对家园的**赤诚浓烈**的爱。

以屈子之魂行一生，以赤诚之爱写大地

Inherit the will of Qu Yuan all his life, and write his homeland—Lingnan with sincere love

<< 广东省文物保护单位

1989.06 第三批

屈大均墓

Tomb of Qu Dajun

年代：清
地址：广州市番禺区思贤村

Date: Qing Dynasty
Address: Sixian Village, Panyu District, Guangzhou

Qu Dajun was a famous scholar and poet in the late Ming – early Qing Dynasties. Born in Panyu, Guangdong, he was proficient in the history and culture of Guangdong. He compiled more than 30 books, respected as the first of the "Three Great Masters of Lingnan". Tomb of Qu Dajun was built in the 35th year of the Kangxi of the Qing Dynasty (1696).

图注

1. 思贤村中屈大均墓，纪念一代贤者
2. 屈氏大宗祠
3. 村中的屈氏大宗祠，记录屈大均的在乡之情

屈大均其人，论才华，是明末清初的著名学者、诗人，“岭南三大家”之首；论其经历，可谓是与大时代同呼吸共命运，前半生颠沛流离，跌宕起伏——清军攻陷广州之后，屈大均投身老师陈邦彦领导的反清斗争运动，失败后一度削发为僧，后仍积极奔走参与反清活动，为抗清志士咏志颂德，终其一生不食清粟，坚守一身傲骨。

回到广州的屈大均，将大部分精力转向对广东文献、方物、掌故的收集，自此笔耕不辍，共编撰了《广东新语》《广东文选》《广州府志》《番禺县志》《广东文集》等书，成为立足广东的文化深耕者。其中，以优美文笔描述广东的天文、地理、物产、矿藏、动植物、民族、习俗等内容的百科全书式的笔记——《广东新语》，便是他以脚丈量广东的山山水水，实地采风求证而得的传世之作，屈大均也因此被后人称为“广东徐霞客”。

康熙三十五年（1696），屈大均在故乡思贤村病逝，葬于宝珠岗的家族墓地中。家族墓地占地约 150 平方米，除屈大均外，还葬有其父母、儿子儿媳。屈大均墓位于墓域右侧，由灰砂建造的享堂、山手组成，墓为平面呈凸字形的交椅墓。墓园年久失修，于民国十八年（1929）由时任番禺县县长的陈樾主持重修，重立墓碑。现整座家族墓地保存完好。1986 年，为纪念屈大均，在墓园前建“思贤亭”，立“思贤亭记”石。

1989 年 6 月，屈大均墓（包括八泉亭、屈氏大宗祠）公布为广东省文物保护单位。屈氏大宗祠始建于明代，已有 500 年历史，祠为三楹两天井式，合计建筑面积 1827 平方米，可见气势之恢宏。屈氏大宗祠也是屈大均年轻时读书的地方。

思贤村得名，是村中屈氏族人为纪念先贤——伟大的爱国诗人屈原而起。纵观屈大均的一生，正是秉承屈原之爱国情操、以傲骨为人为事，又身姿低俯，俯向大地，去关心食粮、体恤民生。屈大均就如璀璨的花火，在岁月长河中与先贤屈子，先后发出了夺目耀眼的古今光芒。

/ 航拍玉岩书院与萝峰寺，被层层绿树环绕 /

倚山傍谷，古荔清幽，集书院、祠堂、寺庙于一体，
游览这座"长寿"书院，就像是在翻阅一本千年历史文化古书。

/ 萝峰寺与玉岩书院仅一墙之隔，相伴而立 /

/ 玉岩书院正脊上精美的灰塑 /

岩上清泉长流落入萝峰古寺，千年古荔永丹相守玉岩书院

A long flow of clear water from the rock falls into the Luofeng Ancient Temple, and a thousand-year-old lychee tree guards the Yuyan Academy

<< 广东省文物保护单位

2008.11 第五批

玉岩书院与萝峰寺

Yuyan Academy and Luofeng Temple

年代： 清
地址： 广州市黄埔区萝峰山

Date: Qing Dynasty
Address: Luofeng Hill, Huangpu District, Guangzhou

Yuyan Academy was founded in the Southern Song Dynasty and was one of the earliest academies in Guangzhou. An ancestral hall was built later, and Luofeng Temple was added to the east of the academy after the Ming Dynasty. Since then, the academy, the ancestral hall and the temple combined into one, becoming a rare building group with combination layout in Lingnan.

四季如春的广州，唯有在每年1月，萝岗村梅花盛开时，方得一赏满岗满坡寒梅似雪的香雪景象。一直被文人骚客、村夫里妇寻幽探景的“萝岗香雪”，最早由南宋钟玉岩所种。钟玉岩是宋朝开国名臣潘美的女婿钟轼的第五世孙，正是这对翁婿，率宋军灭了建都广州的南汉国，实现了宋王朝南方疆土的统一。钟轼在广州从化屈洞定居后，其四世钟遂和——钟玉岩之父举家迁至萝岗，自此，钟氏在萝岗开枝散叶，成为一方望族。

钟遂和在萝岗开业授徒，当中便收有日后的一代名相崔与之。崔与玉岩同读，情深谊长，崔尝说兄长钟玉岩“学问文章则倍于予，而成进士独后于予”。大器晚成的钟玉岩却早早辞官归故里，在萝岗开设“萝坑精舍”，承父志，课子授徒，汲泉煮茶，事农桑、访山林，过着往来无白丁的隐逸生活。

萝岗精舍后更名“玉岩书院”，供奉玉岩塑像以纪念，兼具祠堂功能。至元代，钟玉岩曾孙弃官归里，在书院后建了候仙、招隐两亭，并组织诗社，邀亲朋同好在此吟咏。书院和祠堂成了维系钟氏族群文脉之场所。明宗室衡阳王巡行至此时，曾在玉岩堂前建成余庆楼。及后，钟氏后人在原书院东侧建萝峰寺，大雄宝殿与书院一墙相隔、一门相通。自此，寺庙、书院、祠堂合而为一，成为岭南建筑中罕见的组合布局建筑群。

玉岩书院整体建筑保存较好，惜“文革”时期钟玉岩像和寺庙神像被毁，部分屋脊瓦檐受损，后来重修也基本复原。玉岩书院无论选址抑或设计，皆体现了钟氏先人对回归山林、隐逸生活的崇尚和向往。拾级而上，以余庆楼与玉岩堂为主体，余庆楼为重檐歇山顶，三面与单檐的玉岩堂正面合围，构成“七檐滴水”之庭院奇景。主体大小厅堂、厢房近二十间，几乎皆是东南或南向，可见设计之巧妙。建筑分上下两进，东厅西斋，檐廊相接，就着山势错落，南低北高，内外翠色交融，向外与方圆几百亩果林浑然一体，向内自有山泉叮咚入室、清风徐徐穿堂。

千年古荔相伴，千年文脉相传，藏于山林间的玉岩书院，果然钟灵毓秀。

图注

1~2. 自宋起传承的玉岩书院，是岭南建筑中极罕见的集寺庙、书院、祠堂合而为一的建筑群，它的故事流转千年

百年名校，位列中国近代四大书院之一
诲人不倦，中国近现代教育史活的见证

This century-old school, the earliest one among the four great academies of modern China, is a living witness to the history of modern education in China

<< 广东省文物保护单位

2002.07 第四批

广雅书院旧址

Site of Guangya Academy

年代： 1887 年

地址： 广州市荔湾区西湾路广雅中学内

广雅中学是广东省著名的重点中学，创建于 1888 年，其前身是由清代两广总督张之洞创办的广雅书院，是近代中国四大书院之一。

张之洞定名“广雅”，取义“广者大也，雅者正也”，强调所培养的人要“知识广博，品行雅正”，即“德”与“才”的和谐。初创时的广雅书院，在建筑选址及规划布局上保留了中国传统书院的典型特征，自南向北，大门、山长楼、礼堂、无邪堂、冠冕楼依中轴线分五进排列，东西两侧是学生居住的斋舍，北侧是清佳堂、濂溪祠以及岭学祠，莲池引水于护城河，横贯东西，池畔建有亭台楼阁以及作为山长（院长）居室的莲韬馆。书院外加护城河，占地达 12 万多平方米。

广雅书院自建立始，就一直站在中国近代教育的改革前沿。当时广雅书院在课程设置、规章制度等方面大力改革，开设经、史、理、文四科，并引入地理、算术等课程。广雅书院首任山长、清末著名学者梁鼎芬提出“性刚才拙”的育人目标，主张学校教育要培养品性刚正、才能笃实的人才。随着教育制度的改革，书院曾改为“两广大学堂”“广东高等学堂”“广东省立第一中学”等，屡次开教育创办先河，更在 1921 年打破封建礼教，招收女生，成为广东省男女同校共读的第一所中学。

张之洞曾在《创建广雅书院奏折》中写道：“进可为朝廷栋梁，治国安邦；退则教化世俗，造福桑梓。”百余年来，广雅始终守着办学育人的使命，育出一批治国安邦的栋梁之材。

广雅书院当年的众多古迹已遭受毁坏，护院河大部分被填埋，但总体格局仍得以保存，仍留存有山长楼、濂溪先生祠后堂以及碑刻 8 方、冠冕楼（1935 年重建）及两边的曲流小桥和部分后围墙等。百年广雅，历尽沧桑，然办学宗旨一脉相承，被称为“中国近现代教育史活的见证”。

Date: 1889
Address: Guangya Middle School, Xiwan Lu, Liwan District, Guangzhou

Guangya Middle School is a famous key middle school in Guangdong, founded in 1888. It grew out of the Guangya Academy, which was founded by Zhang Zhidong, the governor of Guangdong and Guangxi in the Qing Dynasty. Guangya Academy was one of the four major academies in China at that time. In 1921, it broke the feudal ethics by enrolling female students, becoming the first co-educational middle school in Guangdong.

图注

1. 如今广雅中学仍然保留着当时书院的基本格局
2. 走过石桥，便是冠冕楼
3. 山长楼前石鼓
4. 留存完好的山长楼，楼前老树已参天

4

/ 祠内的石刻、木雕、砖雕、灰塑取材上乘，线条生动流畅，堪称一绝 /

在立村千年的水乡，广州地区现存唯一一座表彰慈善家的 **御旨牌坊**，
在他的纪念祠堂，乡人以最精妙的雕梁画栋，向他致敬。

/ “清芳长庆集，遗爱报恩祠”，
留给后世的寄语依旧清晰 /

/ 光绪皇帝所题的“乐善好施”牌坊，
记录着白纶生的慈善事迹 /

水乡灵秀育善长仁翁，德行流芳筑古祠古坊

This beautiful water township once raised a benevolent man, and the ancient ancestral shrine and memorial archway were built for his well-known virtues

<< 广东省文物保护单位

2002.07 第四批

绺生白公祠

Lunsheng Baigong Memorial Temple

年代：清
地址：广州市海珠区龙潭西约大街

Date: Qing Dynasty
Address: Longtan Xiyue Dajie, Haizhu District, Guangzhou

Lunsheng Baigong Memorial Temple was built in 1872, donated by Bai Lunsheng, a great benefactor in Longtan village.Bai Lunsheng was very enthusiastic in social welfare and was well respected by the villagers. At the time of the temple completion, Bai Lunsheng had already passed away, so the temple was named after him to honor him .

图注

1. 纶生白公祠
2. 祠堂前历史悠久的古桥
3. 白纶生石像

元代开村的龙潭村，四面环水，古迹众多。从村口进，在龙潭村大街上有一座“乐善好施”牌坊——这座牌坊，是为表彰白纶生之善举，由两广总督奉清光绪帝之圣旨而建造。牌坊坐北朝南，三间四柱五楼，花岗石打造。通面宽 8.1 米，高 8.6 米。明间有庑殿顶正楼和两侧夹楼，门额上阴刻“乐善好施”四字，这是广州地区现存唯一一座表彰慈善家的御旨牌坊。

绕过深巷，便见到了百年古祠纶生白公祠，白公祠始建于清同治十一年（1872），历时 27 年落成。坐东朝西，左右三路，前后四进，中路主体建筑有头门、拜亭、中堂和后堂，两侧为南舍和北舍。祠前以花岗石铺地，祠内斗拱、柱梁、柱基上的石刻、木雕、砖雕、灰塑取材上乘，所刻花鸟线条流畅，人物造型生动，颜色搭配精妙，堪称岭南祠堂一绝。

祠堂头门为硬山顶，人字封火山墙，灰塑博古脊，前部梁架、驼峰、斗拱等雕着将相人物等图案。尤其檐柱的雕塑，精彩绝伦：一本“郭子仪祝寿”就有数百个人物，每个人物都栩栩如生。

两次间有石包台，上设虾公梁，梁上置石狮；明间两扇木板门，下有木脚门；门前为三级石阶，护以抱鼓垂带。石门额镌刻“纶生白公祠”，两旁木门联刻“清芳长庆集，遗爱报恩祠”。百余年过去，字迹依旧清晰可见，如同这座祠堂的主人，生前善举，种种件件皆长留人心。

自幼家贫凭自身努力经营洋行而成巨贾的白纶生，发迹之后热心于社会公益事业：创立近代广州最早的善堂、曾捐资筹建医院、善堂、道路、桥梁，还常常赈济灾民，资助全村儿童的上学……种种善举，深受时人爱戴。清光绪十六年（1890）湖南水灾时，他捐出巨款赈灾。善行上达天听，故有了光绪皇帝赐匾建牌坊的佳话。

龙潭古村，人文景观众多：端午龙舟竞渡，入选广州市非物质文化遗产名录的天后诞……育出白纶生的这片热土，果然是天地钟灵毓秀之所在。

从格致书院，到岭南大学，再演变为中山大学，
康乐园这一片保存完好的建筑群，东西文明在此融会，幻变出一页页传奇。

康乐园早期建筑群
Early Building Cluster of Kangle Garden

1~4. 旧屋老树，无声地讲述着百年教学的坚持，东西审美糅合、
又独具岭南地域特色的建筑群，在参天古树的怀抱中，散发着时光之美

沿中轴线生长的一列列建筑犹如建筑史上的 **活标本**，

呈现出和而不同的既独立又和谐的美感。

存世体量宏大的东西文明融合之地，滋养『做大事』人的广东最高学府

This is a fusion place where the East meets the West, the highest educational institution of Guangdong, nourishing the numerous doers of deeds

<< 广东省文物保护单位

2002.07 第四批

康乐园早期建筑群

Early Building Cluster of Kangle Garden

年代：1924 年
地址：广州市海珠区新港西路中山大学内

Date: 1924
Address: Sun Yat-sen University, Xingang Xilu, Haizhu District, Guangzhou

Kangle Garden was originally the campus of the Lingnan Academy, as an early example of the introduction of Western architectural techniques in China. Its design took into account the local environment of Guangzhou while incorporating Western design elements. It is an important symbol of the development of architecture in Guangzhou.

3

4

5

图注

1. 怀士堂　　3. 黑石屋
2. 格兰堂　　4~5. 马丁堂

相传南朝山水诗人康乐公谢灵运被流放广州时曾寓居珠江南岸，后来他住的这个地方就被叫作康乐村。大约从那时起，这片土地的故事就注定跟文化教育相关。

1904 年，由美国人哈巴・安德开办的格致书院迁至康乐村，改名岭南学堂，从只有两栋木屋的校舍开始，逐渐发展为院系完善的综合大学，定名岭南大学。20 世纪 30 年代，岭南大学已发展成为一所设有文、理、工、农、医、商等多学科的高等学府，为中国培养出众多优秀人才。1952 年全国高等学院调整时，岭南大学文理科并入中山大学。此后康乐园便一直是广东最高学府中山大学的所在地。

康乐园早期建筑群为南门到北门中轴线一带，以及东侧的马岗顶洋教授建筑群，东南侧的“广寒宫”和西侧的模范村中国教授住宅群。包含马丁堂、怀士堂、陈寅恪故居（第一麻金墨屋）、格兰堂、岭南大学附小建筑区、荣光堂、哲生堂、爪哇堂、十友堂、岭南大学附中建筑区、张弼士堂、惺亭等。

一条中轴线贯穿南北，各教学楼建筑按南北朝向的轴对称排布。不以一进一进的院子为单位，因而没有形制上的主次。建筑物之间相对独立，但呈现出“和而不同”的独特风貌。

这些建筑多采用西方桁架坡屋顶的样式，既有典型的西

容庚

图注

1. 康乐园内总是绿树浓荫
2. 格兰堂
3. 爪哇堂
4. 乙丑进士牌坊
5. 陈寅恪故居一角
6. 陈寅恪故居（第一麻金墨屋）
7. 惺亭

式红砖砌筑的墙体、简化的西式双柱，又有曲线优美的琉璃瓦屋顶和层层出挑的斗拱等中式传统建筑式样。这种设计一方面考虑到广州炎热多雨的自然因素，另一方面又着眼于表达东西方文明的融合，最终形成了独具中国南方特色建筑的风格。

建筑群中于 1906 年落成的马丁堂，由当时的美国校董会出资兴建，坐北朝南，长约 50.7 米，宽约 16.1 米，高约 15.8 米，分三层，建筑总面积约 2516 平方米。总体呈长方形，红砖清水外墙，四周以柱廊围合，带有殖民地式建筑风格。

怀士堂又称“小礼堂”，原是基督教青年会馆，孙中山先生和宋庆龄到岭南大学视察，两人曾在此合影，并发表演讲勉励青年学生“立志要做大事，不可做大官”，余音绕梁。

与小礼堂媲美的，是小礼堂东面的黑石屋，这里曾作为岭南大学首位华人校长钟荣光博士的寓所，也曾作为学校贵宾招待所，当年德国总理施罗德到中山大学参观访问便下榻于此。

而在过渡阶段诞生的十友堂、爪哇堂等建筑，则更加注重建筑的实用性，根据不同功能将多个坡屋顶进行组合，高低错落、参差别致。

在战火连绵、动荡频仍的时代，近代中国有如此成规模成体系、几近完好地保存下来的建筑群殊为不易。这一批建筑不但是当时建筑风格的体现，也是当时社会思潮的侧影，更是近代历史的见证。那些近代史中闪闪发光的名字已经嵌进这片建筑里成为一座跨学科的露天博物馆。

这栋浸润过爱之柔情的水边洋楼，也是一位伟大文人成为战士的摇篮

This waterside house, steeped in the tenderness of love, was also the cradle that a great scholar turned into a warrior

<< 广东省文物保护单位

1979.12 第二批

白云楼鲁迅故居

Former Residence of Lu Xun in Baiyun Building

年代：1927 年
地址：广州市越秀区白云路

Date: 1927
Address: Baiyun Lu, Yuexiu District, Guangzhou

Baiyun Building was one of the places where Lu Xun worked and lived in Guangzhou. In March 1927, Lu Xun moved into Baiyun Building, then he compiled more than 30 aggressive essays and articles in just six months. Lu Xun left solid footprints in Baiyun building, sowing the seeds of a new culture in the land of Guangzhou and realizing a transition of his literary career.

/ 这栋倚傍于东濠涌的鹅黄色小洋楼，鲁迅先生曾在此彻夜笔耕历半年时光 /

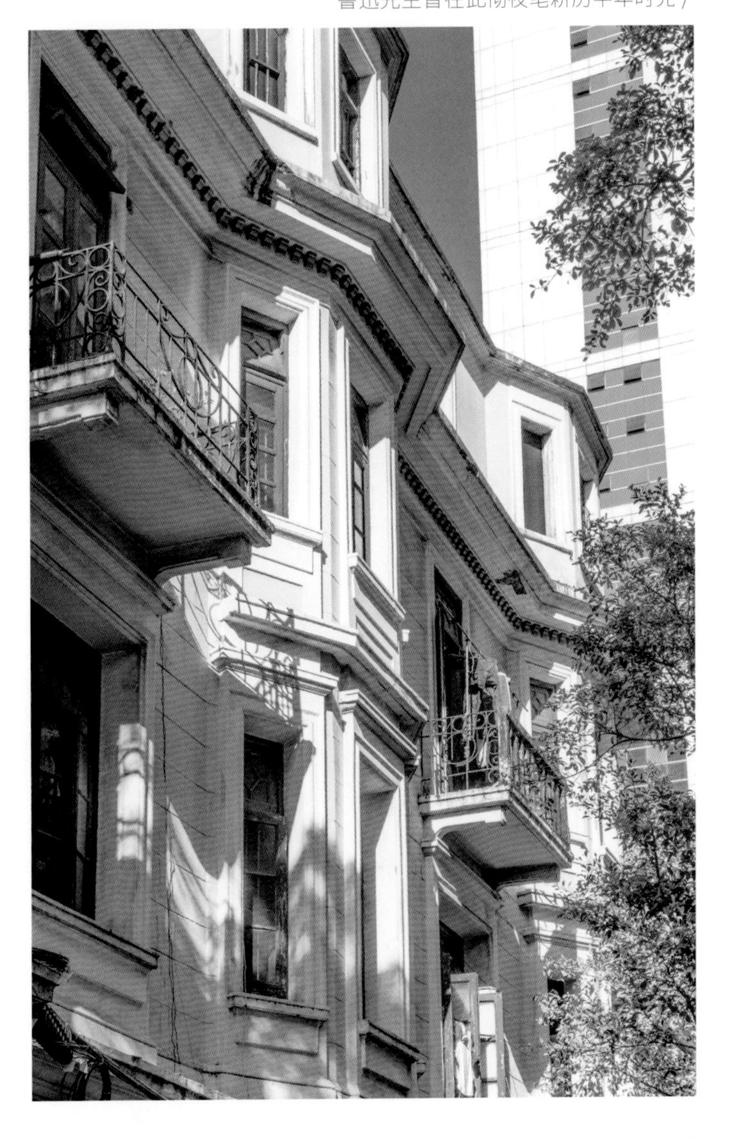

鲁迅在这里感受着革命气息的躁动，
先生思想在鲜血与烈火中**蜕变**。

1927年1月，鲁迅先生满怀梦想与期待，从厦门乘船奔赴"大革命"的策源地广州，就任中山大学教务主任兼文学系主任。而广州，也是他心上人许广平的家乡，她已先一步返穗任教职。先生先住在中山大学大钟楼（现鲁迅纪念馆），前来拜访的人络绎不绝，于是同年3月底移居白云楼。

当时鲁迅租下了西侧二楼的1厅3房，他和好友许寿裳各住一间，许广平和女工合住一间。楼西侧便是东濠涌，先生的窗户正对马路，每每深夜送完宾客后，得一时清静，往往通宵笔耕。

未几，国民党在广州发动"四·一五"反革命政变，一时腥风血雨，大批革命青年包括中山大学的学子被捕甚至遭屠杀。先生知情后立刻设法营救，并捐款、慰问被捕学生，营救未果后，先生回到住处一言不发，不思茶饭，随后愤然辞去中山大学的一切职务，三退聘书，在白云楼潜心写作。

1927年3月29日到9月27日，鲁迅蛰居在白云楼的短短半年里，不仅编订了《朝花夕拾》《野草》等脍炙人口的作品，还写下了《可恶罪》《小杂感》《略谈香港》等30多篇富于战斗性的杂文和散文。亦是在广州的数月间，先生的关注与行文，完成了从侧重于"切己的私事"向关乎革命理想的"大事"革命性的转向。

白云楼这座西式洋楼建于1924年，是一座全钢筋混凝土结构的三层楼房，面朝东南，平面呈梯形。先生入住之时，这里新近建好不久，面积大，房间多，一楼西侧的走廊面对东濠涌，螺旋式楼梯可通二、三楼。白云楼曾用作邮政部门职工宿舍。如今墙壁上原悬挂的"白云楼" 木刻横匾已不复存在，唯留西墙门上的"邮局"字样。

1979年12月，白云楼鲁迅故居被公布为广东省文物保护单位。

图注

1. 这栋柔情兼激情共谱的洋楼，笼罩在岁月的光阴里
2. 白云楼曾作为邮局宿舍，西墙第一道门上，仍留有"邮局"字样
3. 曲折向上的楼梯，留有鲁迅先生的足音
4. 历史留在建筑上的纹理，与树影交织成岁月的新篇

/ 依青龙岗山势而建的卢廉若墓 /

如今藏在浓密山林里的卢廉若墓，偶有游人路过拜访，

只是少有人知，长眠于此的是一位澳门著名的 **慈善家和教育家。**

/ 三级月台构建的卢廉若墓，气势恢宏 /

长眠于云山的一方巨贾，以义薄云天铸身后尊荣

The merchant prince who rested in the Baiyun Mountain, forged his posthumous honor by his righteousness and benevolence

<< 广东省文物保护单位

2008.11 第五批

卢廉若墓

Tomb of Lu Lianruo

年代： 1927 年
地址： 广州市白云区白云山青龙岗

Date: 1927
Address: Qinglonggang, Baiyun Mountain, Baiyun District, Guangzhou

Lu Lianruo was a wealthy merchant, philanthropist and educator from Macau in the late Qing Dynasty and early Republic of China. He was awarded the first-class Cross by the Portuguese government for his outstanding contributions to education and charity in Macau. During the Xinhai Revolution, he sponsored Sun Yat-sen's revolutionary activities. Tomb of Lu Lianruo was built in 1927, against the hill with magnificent views.

在白云山双溪别墅后的青龙岗上，有一座依山势而建的大型墓葬，这便是清末民初澳门的富商卢廉若与其妻妾的合葬墓。墓葬建于 1927 年，整座墓按清代墓葬的形式用花岗石砌筑，为抄手墓，分坟头、山手、月台和后土护岭等部分。墓依山势而建，气势恢宏。该墓前有三级平台，两侧立华表、旗杆夹石、石狮、石羊、石马、石雕文臣武将及抱鼓石。坟头用花岗石砌筑成半圆形的石墙，正中最高处，雕刻有祥云涌月，下立一连州青石碑。山手分为两级，为花岗岩石墙。坟头后面依山势建有 4 级护岭，每级护岭中间都雕有祥云涌月，最高一级护岭正中有“卢山后土龙神”碑，其左立有“奉天诰命”碑，右边还立有 1915 年 10 月黎元洪题的“乐善好施”碑。

一名富商，身后能享如此尊崇，还在于卢廉若的多重身份——他除了是名成功的商人，拥有清平戏院、宝诚银号、长春阁药店、九如押店等产业，同时也是一位慈善家和教育家：眼见澳人子弟多有贫苦，他认为应该授予教育，便倡议筹款设立孔教学校，出任校长，以培养人才；慈善性质的镜湖医院也有他的贡献。由于在澳门功绩斐然，葡国政府曾授予他一等十字勋章。

卢廉若交游甚广，广交各界沪、港、澳有识之士，与不少政界人士常有往来，如许崇智、叶剑英、廖仲恺、何香凝、李济深、蔡廷锴、陈济棠等。辛亥革命后，卢氏曾捐资支持孙中山先生的革命活动，1912 年 4 月，孙中山辞去临时大总统职务，5 月由香港抵达澳门后，就下榻于卢家花园（即卢廉若公园）春草堂。

1927 年 6 月 17 日，卢廉若逝世。出殡日，全澳门下旗志哀，澳督夫妇步送，送葬者超过千人，卢廉若最终归葬白云山青龙岗。

图注

1. “乐善好施”一碑道出卢廉若的慈善悲怀
2. 墓前的石狮子，守护着卢廉若墓的四时之景

以“**扶助农工**”的办学定位，以实干兴邦之精神，

风雨兼程九十余载的一所传奇院校。

不徒骛高深学理、注重实验的农工学校，亦是一对革命伉俪坚守崇高理想的丰碑

This agricultural and engineering university that isn't obsessed with unfathomable theories but appreciates experimentation, is also a monument of the lofty ideals of a revolutionary couple

<< 广东省文物保护单位

1982 年单独公布

仲恺农校旧址

Site of Zhongkai University of Agriculture and Engineering

年代：现代
地址：广州市海珠区纺织路

Date: Contemporary
Address: Fangzhi Lu, Haizhu District, Guangzhou

Zhongkai University of Agriculture and Engineering was founded in 1927 by He Xiangning, in order to complete unfinished task of Liao Zhongkai. The university energetically developed silkworm rearing and silk production techniques, trained a large number of highly qualified students, improved the competitiveness of China's silk exports, and revitalized the national economy.

仲恺农工学校是何香凝为捍卫孙中山先生扶助农工政策、继承廖仲恺先生“扶助农工”未竟事业，于民国十六年（1927）创办的以培养有真实学识之实业人才为主旨的农工学校，至今已有 90 多年历史。

1924 年第一次国共合作建立后，国民党党员廖仲恺积极执行孙中山先生扶助农工的政策工作，不幸于 1925 年 8 月被暗杀。作为廖仲恺的亲密战友，何香凝先生为实现丈夫扶助农工的赤诚之心，与詹菊似等人向国民党中央呈交设立仲恺纪念公园，内附设农工学校提案。同年 10 月提案通过，后因征地问题，纪念公园虽没有建成，但获批在河南石冲口一带（今广州市海珠区仲恺农业工程学院校址）建设仲恺农工学校校园与实验农场。

仲恺农工学校于 1927 年建成，建有校务办事处（今廖仲恺何香凝纪念馆）、宿舍楼、课室、实验室、蚕舍、制丝工厂、实验农场等。3 月学校正式开学，向农工子弟敞开，免收学费，并发放伙食补助。首批招生 98 人，分读三年制蚕丝本科与一年制蚕桑实习科，以蚕桑业为突破口开展改良蚕种、制作优质丝等科研工作，振兴国家经济。学校成立初期得到了包括黄埔军校在内的广州各界人士、香港、澳门及海外同胞的大力支持。1929 年，为改善教学、科研条件，何香凝将拍卖个人画作所得 10 万元捐给学校，新建实验楼和当时华南地区最大的蚕种冷藏库。得益于此，学校陆续培养出优质蚕种和蚕丝，为国内的蚕种培育提供了丰富的蚕种资源，并将优质丝制作技术，推广到珠三角和东南亚地区，促进了养蚕业的发展，提高了我国蚕丝出口的竞争力。

时移世易，目前校内仅存仲恺农校办事处与乐干楼两幢近代建筑，1982 年仲恺农校办事处改为廖仲恺何香凝纪念馆并正式开馆。叶剑英、邓小平、杨尚昆、王震先后为纪念馆、廖仲恺铜像、何香凝汉白玉塑像和廖仲恺纪念碑题字。1984 年，学校升格为本科院校，定名为“仲恺农业技术学院”。2008 年，更名为“仲恺农业工程学院”。学校规格虽变，但仲恺先生之名，以及他扶助农工、实干兴邦的情怀已沁入校园的基因当中。

图注

1. 廖仲恺先生纪念碑与后方的廖仲恺何香凝纪念馆
2. 乐干楼　3. 廖仲恺何香凝纪念馆

这一座广东科举考场的制高建筑，见证过中国知识分子的家国梦想

The tallest building in Guangdong imperial examination hall witnessed the dreams of Chinese intellectuals for the country

这栋贡院群核心地带的 **红楼**
见证过多少文经武略之新星冉冉升起。

<< 广东省文物保护单位
1978.07 第一批

广东贡院明远楼

Mingyuan Building of Guangdong Examination Office

年代： 清
地址： 广州市越秀区文明路

Date: Qing Dynasty
Address: Wenming Lu, Yuexiu District, Guangzhou

文明路一路榕荫匝地，抬头两棵百余岁木棉高耸入云，此处隐藏着一座清代兴建的贡院遗址——明远楼。作为广东贡院建筑群的一员，明远楼见证了一段中国科举制度由盛及衰的历史。

明远楼俗称红楼，始建于康熙二十三年（1684），坐北朝南，两层木结构阁式建筑，歇山顶，琉璃瓦，滴水剪边，内部梁架为抬梁穿斗混合式结构，上下层均置围廊周匝，四面通透。它是贡院的中心，也是贡院内最高的建筑，东西两侧整齐排列着的就是考生们考试、住宿的号舍。举行考试时，负责监考巡查的官员便会登上明远楼，居高临下地远眺考场，以防考生之间私相往来，或执役人员逾规传递。

广东贡院经历了科举兴盛期的多次扩建，在鸦片战争中遭到侵占和毁坏。随着 1905 年科举制度被废止，贡院陷入了沉寂。此后贡院曾被改为两广师范学堂，1959 年广东省博物馆在此建成开放，贡院再次变得热闹起来，直至 2009 年广东省博物馆迁至珠江新城新馆，贡院再次回归平静。

现在明远楼经全面修缮，作为广东贡院历史陈列馆对外开放。

图注
明远楼门楣上红色的“天开文运”四字隐约可见当年科举之盛景

Mingyuan Building was built in 1684. It was the center and tallest building in Guangdong Examination Office. When examinations were held, the officials in charge of supervising would climb up the building and overlook the examination office from a height. It retains the characteristics of Lingnan architecture in the Qing Dynasty.

藏于闹市的小洋楼是全国首个数学天文系的傲娇法宝，它的建成，比紫金山天文台建成还早五年

The small building hidden in the city is the pride and joy of the first mathematical astronomy department in China, which was five years older than the Purple Mountain Observatory

近百岁的 ***天文台，***
凝缩着国人探求未知世界的热望与热爱。

在明远楼的东北侧，是中山大学天文台旧址。1926 年，中山大学开设了全国首个天文学系——数学天文系。在该系教授张云的积极筹备下，中山大学天文台于 1927 年 2 月动工，1929 年 6 月落成。这是我国最早自主建立的现代天文气象机构之一，比国内著名的紫金山天文台早了 5 年。

小巧精致的主楼分两层，仿爱奥尼式柱支撑的门廊掩映于葱茏树木中，与主楼相连接的副楼为平面八角形的三层高建筑。天文台引进了许多当时国外的先进观天仪器，其中一台 20 厘米口径的反射望远镜，是中国人拥有的第一台实用天文望远镜。

除了用于教学外，天文台还被用作全国甚至世界性的天文观测研究工作基地。天文台从 1930 年起出版了多期《国立中山大学天文台两月刊》，详细记录了广州每月的天气状况和太阳斑点概况及彗星、海王星等星体的观测报告，在 1930 年参与国际变星观测计划，1933 年参与世界经纬测量。天文台还开展过许多重要的民用和军用项目，例如首次测定了广州市的经纬度、编制了空军使用的日月出没时刻表。

1935 年秋，中山大学数学天文系迁石牌新校舍，再建新天文台于新校园，而旧天文台则原地保存至今，2012 年中山大学天文台旧址修缮工程竣工。

<< 广东省文物保护单位
1978.07 第一批

中山大学天文台旧址

Site of Sun Yat-sen University Observatory

年代： 1927
地址： 广州市越秀区文明路

Date: 1927
Address: Wenming Lu, Yuexiu District, Guangzhou

图注
仿爱奥尼式柱支撑的门廊掩映于葱茏树木中，与主楼相连接的副楼为平面八角形的三层高建筑

In 1926, Sun Yat-sen University is the first university to set up the astronomy department - the Department of Mathematical Astronomy in China. This is the first astronomical observatory at Sun Yat-sen University and one of the first batch of modern astronomical and meteorological institutions established independently by Chinese.

第五章

策源之地

Source of Revolution

中国近代史上，
唯此处有如斯多的灿如星汉的闪亮名字，
他们或在广州留下光耀至今的革命足迹，
抑或在此以一片碧血丹心托身青山。

周自得

“富庶之邦总有热血，先锋之地长育忠魂。”

“ 扼天险而据的这座坚固 **城寨**，

写下了一页又一页动荡岁月的悲歌。”

山丘之上封海闭国之遗物，沧海之旁岁月悲吟之离殇

The relics of a closed country on the hills and the mournful chanting of the years by the sea

<< 广东省文物保护单位

1989.06 第三批

莲花城

Lotus City

年代： 清
地址： 广州市番禺区莲花山旅游区内

Date: Qing Dynasty
Address: Lianhua Shan(Louts Hill)Tourism Area, Panyu District, Guangzhou

There is a Lotus City on Lianhua Hill in Guangzhou. The city is not a "city" in the traditional sense, but was used as a post by the Qing government during the Kangxi period. Policy of maritime embargo was carried out at that time, and the local residents all moved out. Lotus City was an important military site in ancient times, the place Lin Zexu and the Red Scarf Army had both garrisoned.

在“下捍虎门，上卫羊城，合省风水倚为重镇”的莲花山上，有一座莲花城。

莲花城名为“城”，并不设市井，亦不住百姓，它是清初时期清政府海禁政策的遗物——居民不得邻海定居，务必举家内迁数十里，莲花城就在内迁的分界线上，最初是执行海禁政策的哨所。因莲花城所在的位置扼守狮子洋天险，与虎门炮台群隔江呼应，成为当时重要的军事要塞。抗英名将林则徐就曾率兵在莲花城驻防，规划、部署了抵御英军入侵的层层防线。

鸦片战争爆发后，道光帝派钦差大臣琦善在广州与英军谈判，据言琦善就是在莲花城与英方代表义律商议丧权辱国的《穿鼻草约》以商议和。咸丰四年（1854），广东天地会所组织的红巾军起义队伍也曾在莲花城驻守。

与广州“三塔三关锁珠江”的出海口第一塔风水塔莲花塔相邻的莲花城，平面略近椭圆形，城墙以石作基础，里外用青砖砌筑，中间填土。高 5.66 米、厚 2.34 米。南、北面各有一石券拱门。城内原有墩台、兵房、马厩等，城外有烽火墩及 20 门炮位，今已湮没。

这座被称为“广东长墙”的海防重城，在数百年时光里，实在见证了太多的重大历史事件。

图注

1、3、4. 榕树与城墙合抱，尘封住一页页往事
2. 在莲花城墙上远望莲花塔和狮子洋

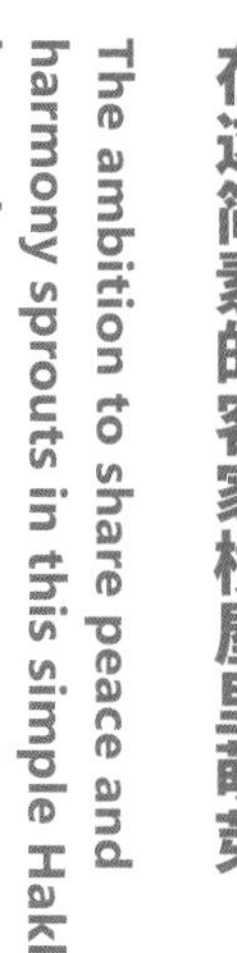

天下一家、共享太平的宏愿在这简素的客家横屋里萌芽

The ambition to share peace and harmony sprouts in this simple Hakka bungalow

1

<< 全国重点文物保护单位

1988.01 第三批

洪秀全故居

Former Residence of Hong Xiuquan

年代： 1814 年
地址： 广州市花都区新华街大埗村官禄埗

Date: 1814
Address: Guanlubu, Dabu Village Xinhua Jie, Huadu District, Guangzhou

2

<< 广东省文物保护单位

1978.07 第一批

冯云山故居

Former Residence of Feng Yunshan

年代： 清
地址： 广州市花都区新华街大埗村禾落地

Date: 1841 — 1987
Address: Heluodi , Dabu Village, Xinhua Jie, Huadu District, Guangzhou

太平天国运动是我国近代史上，由农民书写的无法抹去的浓墨重彩的一笔。其领导人洪秀全与主要领袖冯云山，两人自小为同学，成年后同为私塾先生。两人的居所，相邻不过一公里。1843年志向相投的两人，一同创立了“拜上帝会”。此后两人经历金田起义、永安建制，洪秀全成了太平天国的天王，而冯云山作为得力助手，也被封为安王、七千岁。虽然太平天国运动最终以失败告终，但亦从侧面映射作为岭南文化代表的广州与西方文化在此交融碰撞所擦出的火花。

建于清嘉庆年间（1796-1820）的洪秀全故居，经金田起义后，1854年、1864年被清廷以“诛九族”之罪两度全村血洗，早已化作焦土。中华人民共和国成立后，根据考古发掘，才在原残存的墙基上，参照当地客家民居重建复原。

经过复原的洪秀全故居坐北朝南，采用悬山顶，泥砖瓦木结构。洪秀全夫妇早年居住在最西端的房间，复原后门额上悬挂有郭沫若题写的“洪秀全故居”横匾。就在这个没有窗户、仅有13平方米大小的房间内，洪秀全写下了《原道救世歌》《原道醒世训》《原道觉世训》等奠定太平天国理论基础的文献著作。

洪秀全故居门前，地坪外是一口开阔的半月形风水塘，十里外的丫山倒映水中。洪秀全亲手种下的龙眼树依旧枝繁叶茂，高可参天的菩提树下，洪秀全族弟、太平天国干王洪仁玕故居的墙基犹存。这位吸收过西方现代文明熏陶的有识之士，其撰写并成为天国后期政治纲领的《资政新篇》，一度让曾国藩阵营“心悦诚服”。

从洪秀全故居往东北方向约走一公里，到丫髻岭南麓的缓坡上，便是太平天国重臣冯云山的故居遗址，遗址上只剩颓墙残存。

冯云山故居建于清代，原是“九厅十八井”的客家大屋，坐南朝北，四周围墙。1851年金田起义后被清军烧毁，现仅存部分残墙基。故居前方不远的小河边原有一水潭，叫石角潭，潭水清澈。正是当年洪秀全创立“拜上帝会”时与李敬芳、冯云山等洗礼之处，20世纪60年代中期已被填平。

百余年前以“天下一家，共享太平”为宏愿的太平天国早已消散，唯剩几段断垣，见证了梦想是如何在大地上萌生。

Former Residence of Hong Xiuquan, the leader of the Taiping Heavenly Kingdom movement, was built in the Jiaqing period of the Qing Dynasty. It was rebuilt in 1959 and there is a plaque inscribed by Guo Moruo above the front door. Former Residence of Feng Yunshan, another major leader of the Taiping Heavenly Kingdom movement, was built in the Qing Dynasty. It burned down in 1851. Only part of the wall base remains.

图注

1. 洪秀全的少年及青年时代，住的就是这种狭小而简朴的三合夯土房
2. 仅剩残存墙基的冯云山故居
3. 洪秀全亲手种下龙眼树至今已果实累累
4. 洪秀全族弟洪仁玕故居的旧墙基

轰轰烈烈、席卷大半国土的太平天国农民运动，便是在这里一点点萌芽、成形。

虎门炮台旧址（广州市）

Site of Humen Batteries (in Guangzhou)

保卫过清王朝繁华商贸的庞大海防炮台群，数度遭毁数度重修，终留在岁月里，成一曲曲悲壮的歌。

图注

虎门要塞上最重要的阵地——横档月台，在鸦片战争中受重创

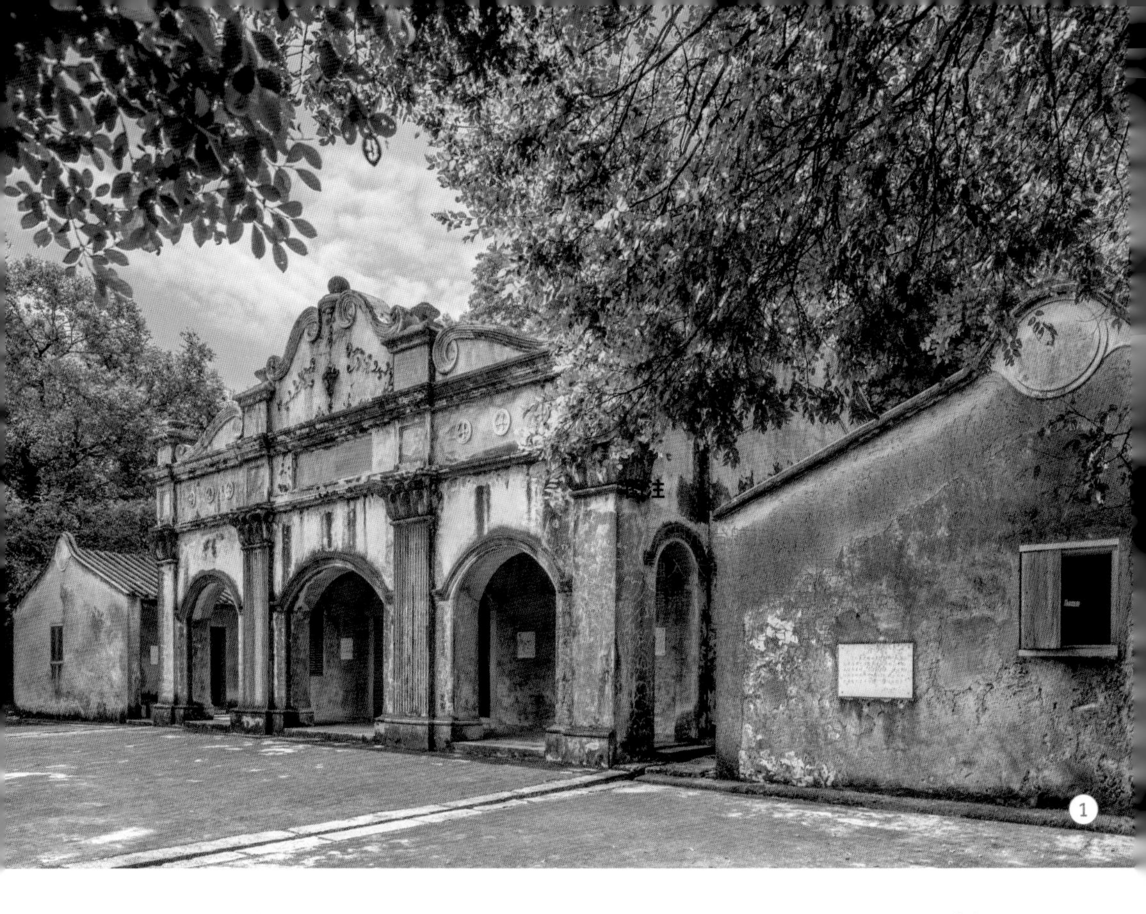

“数次受重创后再度屹立，
南大门最重要的防线中的 **防御中枢** 。”

一口通商年代，保卫清王朝对外商贸秩序的最强尖刀（上横档岛）

There is the strongest sharp knife of the foreign trade order, defending the Qing Dynasty during the one-stop trading era (Shanghengdang Island)

<< 全国重点文物保护单位

1982.02 第二批

虎门炮台旧址（广州市）

Site of Humen Batteries (in Guangzhou)

年代：1839 年
地址：广州市南沙区上横档岛

Date: 1839
Address: Shanghengdang Island, Nansha District, Guangzhou

Spread over three islands and both sides of river, Humen Batteries was an important defensive site for the southern gate of China. Within Guangzhou, Shanghengdang Island was the second line of defense and the defensive hub of the Humen Fortress. Ruins of the Opium War period remain on the island.

图注

1. 上横档岛炮台遗址——官厅
2~5. 横贯东西的交通壕，将各个炮台以及月台连接起来
6. 遥望屹立于虎门水道中的上横档炮台

广州城作为清代的最重要对外贸易口岸，清政府在广州设立了最为完整的城防江防海防系统，其重要的组成部分——炮台，亦是当时全国各城中部署最完善、数量最多的，众多的炮台当中最为著名的，为虎门炮台群。

虎门要塞南向通伶仃洋而出海，北向接狮子洋而进城，以主航道为界划分，东属东莞虎门，西属广州南沙。虎门炮台便分布在一江两岸和江中的三座岛屿上，以其独一无二扼守天险的地利而设置的海防军事工程。清人依托地形修建炮台、障碍，形成纵深 10 公里的三道防线，是中国南大门的重要防守之地。

虎门炮台的广州一侧，包括地处滨海的大角山及蒲洲山，水道中的上横档岛、下横档岛、大虎山，以及蕉门南沙等，总保护面积近 80 万平方米。目前，仅有上横档岛和大虎山遗存有少量鸦片战争时期的炮台，其余多为鸦片战争后光绪年间修建的先进的西式炮台。而在第一次鸦片战争后广东当局全面整修了由虎门至广州的炮台，这是历史上广州炮台最多的时期。虎门炮台共设有沙角、威远、下横档、上横档、大虎等 16 座炮台。

上横档岛是虎门要塞的第二道防线和防御中枢，也是著名的“金锁铜关”的西侧桩基所在地。第一次鸦片战争前，岛上设有横档台、横档月台、永安台三个炮台，其东岸的东莞虎门炮台群，西岸的巩固炮台，东西两面炮台群合力，形成珠江口上最为重要的防护点。第一次鸦片战争中岛上三个炮台均受重创，而后在道光二十三年（1843）重建，后经光绪年间（1875-1908）再次修建，此次购入当时世界上先进的西洋后膛炮代替国产旧式前膛炮，炮台也增设至 8 个炮池，从中亦可看出沿海炮台的变迁过程。

如今上横档岛上鸦片战争时期的文物计有：山脚处横档台遗址、横档月台遗址，以及后山上永安台遗址等；光绪时期的文物留有东台门楼、西洋后膛炮池、官厅、厢房、阅兵台、一个火药库、三处兵房遗址、水井遗址，以及贯穿前山的交通壕。早先在永安台垛墙遗存处山下，有一个“义勇之冢”，安葬着鸦片战争时期光荣牺牲的清军将士们，1974 年改迁于东莞虎门太平镇。

从康熙朝开始，经嘉庆、道光、咸丰、光绪各朝以最高海防规格不断建设虎门炮台，最终却成为静默于岁月的悲壮之歌。

图注

1. 日军占领后，炮台中的后膛大炮全部移走，只剩空空炮池
2. 百余年过去，兵房遗址仅存的墙基，与老榕相拥而生
3. 地下相通的炮巷，使炮台更具机动性
4. 炮池内，焦土重又焕发勃勃生机
5. 历百余年，炮池仍旧坚固而完整
6. 大虎岛炮台遗址

> “三道防线破防时，战火顷刻便能烧至广州城下，
> 大清的**南大门**便如洞开。”

虎门要塞的三道防线中，这两岛倚汪洋天险交织出绚丽火力网（下横档岛、大虎岛）

Among the three lines of defence of the Humen Batteries, these two islands weave a splendid network of firepower beside the sea(Xiahengdang Island&Dahu Island)

<< 全国重点文物保护单位

1982.02 第二批

虎门炮台旧址（广州市）

Site of Humen Batteries (in Guangzhou)

年代：1839 年
地址：广州市南沙区下横档岛、大虎岛

Date: 1839
Address: Xiahengdang Island & Dahu Island, Nansha District, Guangzhou

Xiahengdang Battery was built in 1843 in the second reconstruction of Humen Batteries. It belonged to the second line of defense of Humen Fortress. Part of construction was severely damaged during the Second Sino-Japanese War.
Dahu Battery is located in Dahu Island, built in 1817. It was the third line of defense of Humen Fortress and was destroyed during the Second Opium War and then closed down.

6

与上横档岛一道形成虎门军事要塞“金锁铜关”防御格局的下横档岛，位于虎门炮台中第二道防线，亦是虎门要塞的主要阵地之一。

第一次鸦片战争前下横档岛没有设防，因此被英军抢占后，在此岛反制上横档岛的火力攻击；清道光二十三年（1843）开始，虎门炮台第二次重修时增设下横档炮台，为三合土炮台，第二次鸦片战争时被毁；虎门炮台第三次重修时，换成了西洋后膛炮，与上横档炮台一起成为虎门要塞中近距离的主攻火炮。

抗日战争中，下横档炮台遭日军飞机轰炸，后被日军占领，炮台、门楼、附属设施及其他建筑受到严重破坏。如今下横档岛从西向东存有 9 处炮池，后膛大炮今已全无。

下横档岛还设有官厅、库房、官兵房，官厅是一个青砖建筑，位于岛中较低处，东、西、南三面有山坡掩护，东西两面原建有护墙，现只存西边护墙长 12 米。库房在 1 号炮池高地东北侧山腰处，是凿山而建的拱券顶建筑，前部坑道约 15 米，已被炸毁。官兵房遗址在 2 号高地北面山脚下，沿山脚东西向一列青砖建筑，现只存砖基部分。

上横档岛北部的大虎岛，地处珠江中流，四面环水。岛东北处是大虎山炮台遗址，整体坐西南朝东北，基础遗存今天依旧清晰可见。

清嘉庆二十二年（1817），两广总督阮元倡议建造大虎岛炮台，与下横档炮台第一次修建一样，选用三合土建造，炮台分布于近岸水中及山沟里约 600 平方米的范围内，可见规模宏大。作为虎门要塞的第三道防线，广东水师提督关天培为其题有“大海绵长通绝域，虎山高耸接层云”之句，亦可见其重要的战略意义。

第一次鸦片战争时期，大虎山炮台被英军占领、破坏，而后道光二十三年（1843）重建，第二次鸦片战争中再次被毁，此后被废弃，自此暂停使用。

“清代广州海防的**第一线**，中国南大门由此出海。”

与东莞沙角炮台对望，东西钳制合围成清代海防第一线
（蒲洲炮台、大角山炮台）

Opposite the Shajiao Battery in Dongguan, the east-west pincer movement forms the first line of sea defence in the Qing Dynasty(Puzhou Battery&Dajiaoshan Battery)

<< 全国重点文物保护单位
1982.02 第二批

虎门炮台旧址（广州市）

Site of Humen Batteries (in Guangzhou)

年代： 1839 年
地址： 广州市南沙区大角山

Date: 1839
Address: Dajiao Hill, Nansha District, Guangzhou

Dajiao Hill is an important strategic location for the sea defense of South China in modern times. In 1832, the Qing government built the Dajiaoshan Battery here, which was the first line of defense of Humen Fortress. During the Second Sino-Japanese War, the battery was blown up by Japanese army and the cannons were removed. The Puzhou Battery was one of the new Western-style batteries, added during the reconstruction of the Dajiaoshan Battery.

广州南沙区南横村与鹿颈村交界处的大角山，清政府 1832 年在此建立大角山炮台。炮台与东岸的东莞沙角炮台，形成东西合围的海防要塞，是虎门要塞的第一道海防前线，占据近代中国南部海防的重要战略位置。

炮台部署在大角山南北两个山梁上，北面山梁上设有安胜台和振威台；南面山梁上，设有流星台、安威台、安定台、安平台火药库和振定台。两次鸦片战争期间大角山炮台都遭到英军炮火轰击而损毁严重，而后 1884 年进行重修和增建，清初的前膛炮亦改为向德国购买的后膛炮。炮池设有坑道、门楼，坑道将炮池互相连接，同时兼具居住和防卫功能。抗日战争时期炮台遭日本飞机轰炸，日军侵驻后，大炮被毁坏拆走，如今仅存砖石和水泥建筑的炮池、坑道。

总占地面积约 769.55 平方米的蒲洲炮台， 建于清道光二十三年（1843），是大角山炮台后期重建时新增西洋后膛炮之一，位于蒲洲山东南方的山梁上，与南面的大角山炮台相望。蒲洲炮台有东、中、西三个炮位，1 号炮池呈扇形，2、3 号炮池呈圆形。其中炮巷与炮池相连，炮巷存放弹药库。原门楼在战火已被毁，后修复，是虎门炮台现存的主要部分之一。

这些扼守珠江口的清代海防设施，见证了中国军人抗击帝国主义列强入侵可歌可泣的历史。

图注

1. 蒲洲炮台航拍
2. 融入大角山亲水公园的蒲洲炮台
3、5. 弹药库与炮台相连
4. 蒲洲炮台所用的西洋后膛炮
6. 振定台　7. 安定台

“ 供奉北帝的神庙里，写下了近代史上中国人民反对外来侵略取得胜利的**第一页**。”

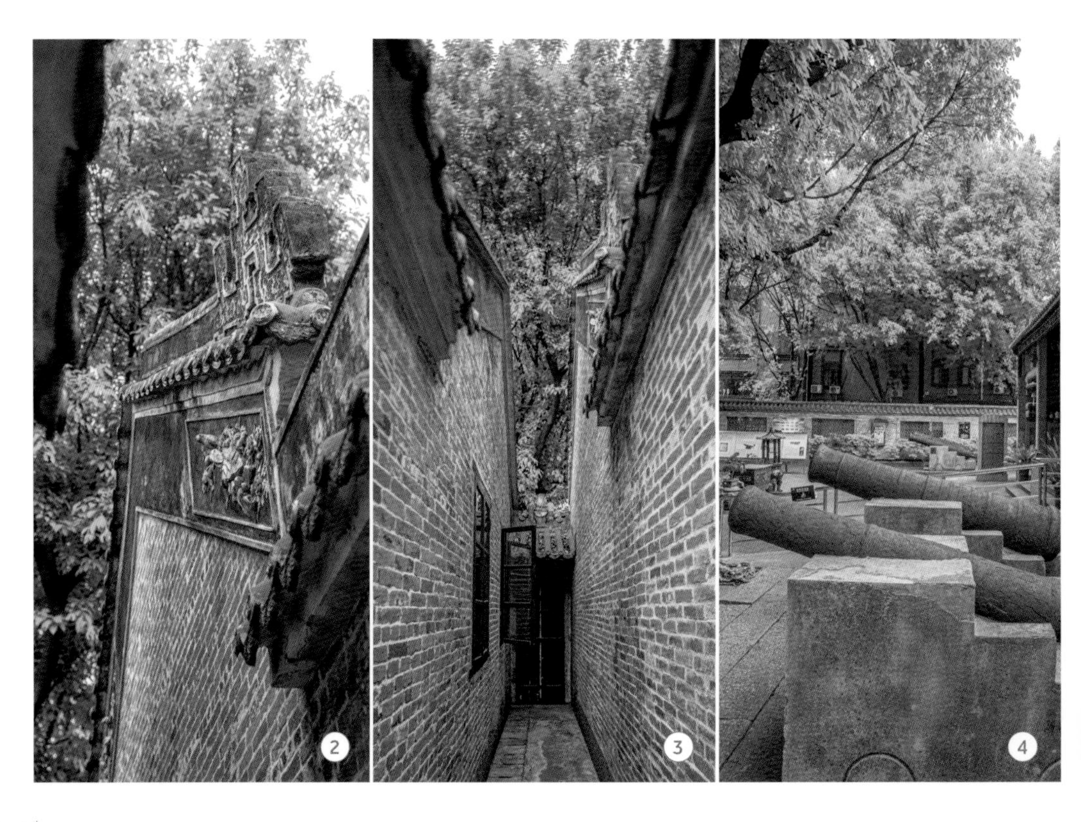

中国近代史上由民众自发组织的第一次大规模反侵略抗争，三元里平英团在古庙前誓师，写下了反侵略史上耀眼篇章

This is the first large-scale anti-invasion struggle in modern Chinese history organized by local people. The "Quell the British" Corps at Sanyuanli vowed in front of the ancient temple, and wrote a dazzling chapter in Chinese anti-invasion history

<< 全国重点文物保护单位

1961.03 第一批

三元里平英团遗址

Site of "Quell the British" Corps at Sanyuanli

年代： 1841 年
地址： 广州市白云区广园中路

Date: 1841
Address: Guangyuan Zhonglu, Baiyun District, Guangzhou

Site of "Quell the British" Corps at Sanyuanli was originally Sanyuan Ancient Temple, which was built in the Kangxi period of the Qing Dynasty, enshrining the Emperor of the North. In 1814, when the British army approached Guangzhou, the villagers of Sanyuanli gathered in front of the temple and vowed to resist the British. Sanyuanli incident is the first time that the modern Chinese people struggled against colonialism armed to the teeth spontaneously.

1841 年 5 月，英军悍然大举进攻广州，占领了广州城北越秀山上的四方炮台。5 月 29 日上午，一队英军窜入三元里村劫掠财物、欺辱妇女。三元里乡民群情激愤，当日下午便会聚于三元古庙前，以庙内的三星旗为号旗，誓言“旗进人进，打死无怨”，同时派人以飞柬召集了广州 103 个乡的民众近万人，誓死抗英。30 日，乡民们成功将英军引入白云山牛栏岗的埋伏圈，予以痛击；次日又将英军围困在四方炮台，最终迫使英军于 6 月初撤出广州。

这是中国近代史上中国人民自发的、第一次大规模的反侵略武装斗争并取得胜利，大大激励了人们在民族危难时刻坚决反对帝国主义的意志和必胜的信心，而这支以农民为主的反英组织，被人们称为“平英团”。

三元里平英团集结誓师所在的三元古庙，始建于清康熙年间（1662-1722），是供奉北帝的民间道教庙宇。古庙整体坐西朝东，总面阔 17 米，总进深 20.88 米，占地 354.96 平方米，庙内分两路两进。头门和后殿为古庙的主体建筑，均采用硬山屋顶、人字山墙，灰砂碌筒瓦，绿色琉璃瓦当镶边，灰塑博古脊上饰以琉璃鳌鱼宝珠。头门面阔三间，进深两间，石门额上阴刻楷书“三元古庙”。头门和后殿之间以天井相隔，四角立石柱，两侧为卷棚顶围廊。后殿面阔三间，进深三间，北帝神像便供奉在此。

1958 年，广州市人民政府对三元古庙进行了修葺，设立三元里人民抗英斗争史陈列馆。1961 年，国务院公布第一批全国重点文物保护单位，三元里平英团遗址名列首位，因此也被称作“国保一号”。如今，这里已成为三元里人民抗英斗争纪念馆，郭沫若先生为馆名题书，三元里人民抵御外侮、保家卫国的家国情怀和英雄气概，仍在那面三星旗以及那一件件锈迹斑斑的大刀长矛、锄头镰刀中熠熠生辉。

图注

1~4. 硬山顶、人字山墙的古庙，规整俨然，古庙左右两侧的 4 门城防铁炮皆是鸦片战争的见证

5. 作为重要的爱国主义教育基地，三元古庙至今仍较好地保持着原貌

受三元里人民抗英斗争鼓舞，广州各社学渐成乡民集结、抵抗侵略斗争的核心机构

Inspired by Sanyuanli Anti-British Struggle, Shengping Community School gradually became the core institution of community schools in Guangzhou to resist foreign invasion

①
②

从乡村教育到爱国武装，再到如今石井街文化站，升平社学一直站在前沿。

<< 广东省文物保护单位

1978.07 第一批

升平社学旧址

Site of Shengping Community School

年代： 1841 年
地址： 广州市白云区石井街

所谓社学，原为明清时期官府在各地乡村设立的宣教机构，清中叶以后，社学逐渐演变为地主士绅用于团练御匪的机构和组织。1841 年三元里人民抗英斗争，大大鼓舞了广州城北各乡人民反侵略的信心，许多社学被改组或重建，成为附近各乡民众培训团练义勇，御外侮、保乡土的爱国武装组织。当时，石井籍举人李芳等人提议兴建升平社学，立刻得到各界民众的踊跃支持。1842 年，升平社学顺利建成。

升平社学初成立时，就有 13 社 80 余乡的群众参与团练武装，随着社务发展，升平社学逐渐成为联络城北人民群众进行反侵略斗争的核心机构。在 1842 年火烧洋馆、1844 年反对英国强租广州河南地区、1845 年驱逐广州知府刘浔，以及 1858 年至 1861 年抗击盘踞广州城的英法侵略军等多次斗争中，升平社学都发挥了重要作用。

透过升平社学旧址，可一窥当年社学活跃时的热闹场面。升平社学旧址占地面积约 1600 平方米，坐西朝东，三路三进，中路为主祠，左右为衬祠，以青云巷相隔。中路主体建筑均为硬山顶，人字山墙，碌灰筒瓦，青砖石脚。头门面阔三间，进深两间，石门额上刻有当时的两广总督祁贡题写的“升平社学”楷书。在社学内，可以找到“义维桑梓”“气慑鲸鲵”“众志成城”“藩篱永固”等石匾，一笔一画之中，尽显激昂气概。社学左侧还有一座义勇祠，为纪念第一次鸦片战争期间在三元里人民抗英斗争中牺牲的义勇而建，原址位于牛栏岗，因在战火中被毁，1866 年改至升平社学旁重建。

升平社学旧址被完好地保存至今，曾为石井街文化站使用，石井戏曲社也曾将其作为活动基地。院内繁盛的花木与古旧的石匾静默相对，这是生命与永恒的映照，而这座承载了保家卫国情怀的重要建筑，在今天依旧鲜活。

Date: 1841
Address: Shijing Jie, Baiyun District, Guangzhou

Shengping Community School was originally an educational institution in the countryside. After the victory of the Sanyuanli incident in 1841, the school was changed into a patriotic armed organization. It was a place to unite the people nearby, train the volunteers and protect the countryside from foreign invasion. From its scale and inscription, it can be imagined that the school was vigorous in those years.

图注

1. 升平社学头门的匾额题字，由时任两广总督的祁贡所书
2. 头门处的木雕梁架，髹以红漆，十分精致
3~5. 升平社学的碌灰筒瓦、青云巷、硬山顶屋脊

3

4

5

图注

1. 马腰岗 3、4、5 号炮台，由步道连通，共同构筑防御体系
2~5. 经过全面勘探发掘，沙路炮台再见天日，部分遗迹已得到修缮
6. 马腰岗 2 号炮台与其南侧一处遗迹堆积，据推测，这处遗迹堆积为火药库
7. 由马腰岗望向东北方的珠江

> “*沙路炮台见证着中国社会转型的* ***风云变幻，*** *对于研究近代军事战略科学有着重要价值。*”

清代广州江防最后防线的重中之重，国弱兵疲，耗巨资构筑之重器终成废垒

The top priority of the last riverbank force of Guangzhou in the Qing Dynasty, cost huge fund to build, but finally fell into ruins

<< 广东省文物保护单位

2019.05 第九批

沙路炮台旧址

Site of Shalu Batteries

年代： 1884 年
地址： 广州市番禺区沙路村

Date: 1884
Address: Shalu Village, Panyu District, Guangzhou

Shalu Batteries were located in the forts of the Mayaogang and Binggang, major towns on the Pearl River waterway. Shalu Batteries were built in 1884 by the governor of Guangdong and Guangxi—Zhang Zhidong. The batteries were abandoned in 1938 when the cannons on the forts were destroyed by Japanese army.

沙路炮台旧址位于番禺区化龙镇沙路村，在马腰岗至兵岗山腰之间的 21 万平方米土地上，分布着 9 座炮台遗址和 3 处军事建筑遗迹。炮台分置 3 处，马腰岗 6 座，兵岗 3 座，向北与黄埔长洲岛隔江相望，扼守着珠江航道的隘口。

中法战争时期，两广总督张树声开始在广州修建西式海防、江防炮台。沙路炮台作为其中一处，于 1884 年初基本竣工，拥有 7 座炮台。张之洞接替张树声任两广总督后，又在沙路炮台增建 2 座炮台，使其成为仅次于长洲炮台的广州江防主力，9 门德国克虏伯时刻待命。当时，长洲、鱼珠、沙路、牛山和屏冈东山 5 处炮台，以“五虎擒羊”的态势，构成了完整的长洲要塞。而珠江南岸的沙路炮台、珠江北岸的鱼珠炮台以及长洲岛上的长洲炮台，隔江相望，形成犄角之势，是广州江防最后一道防线的重中之重。

沙路炮台采用混凝土或三合土浇筑而成，炮池平面近圆形，直径在 6 至 13 米之间，部分墙体厚度超过 2 米。炮池旁有青砖砌筑的掩体等建筑，由暗道与炮池相接。据记载，沙路炮台内的设施相当完善，建有指挥所、兵房、药库、水井、厨房等，而地面、地下的坑道将各个炮台连接起来，布局合理，不仅便于交通，还保障了安全。

马腰岗和兵岗之间的隐蔽地带曾是一片兵营，20 世纪 20 至 30 年代，黄埔军校就曾多次利用沙路炮台进行教学和军事活动，部分军校学生在此驻扎，并对炮台进行修补。抗日战争爆发后的 1938 年，广州沦陷，沙路炮台被日军占领，炮台中的铁炮均遭到炸毁，炮台被彻底废弃。

经过 120 多年的洗礼，沙路炮台旧址大部分已掩埋在泥土草木之下，炮台及附属设施也满目疮痍、损毁严重。2014 年，沙路炮台全面修缮项目启动。如今来到沙路炮台旧址，这里已是一座古炮台遗址公园与爱国主义教育基地，这个长洲要塞的方舟要点，将继续见证时代风云下的沧海桑田。

“从这里培养出来的弟子，都成了当时最具有**新思想**的人，成为几年后在千百年来‘囿于祖宗之法’的中国进行维新变法的领军人物。”

取培养万数栋梁之才的宏愿，康有为将六百余方旧祠化身维新运动之黄埔军校

With the great ambition to train thousands of pillars, this ancestral hall was turned into the Whampoa Military Academy of Wuxu Reform by Kang Youwei

<< 全国重点文物保护单位

2019.10 第八批

万木草堂

Myriad Trees Academy

年代： 1891 年
地址： 广州市越秀区中山四路

Date: 1891
Address: Zhongshan 4 Lu, Yuexiu District, Guangzhou

In 1891, Kang Youwei moved his school to Qiu's Study Hall and named it "The Myriad Trees Academy". It is a traditional Lingnan ancestral hall with three compartments and three entrances. Kang Youwei's learning and philosophy were refined and enhanced here. A new lecturing system and form was developed, fostering nearly 1,000 students.

1890 年，康有为在广州大塘街的祖屋“云衢书屋”正式开讲，梁启超与友人陈千秋拜入康有为门下，成为康有为的得意门生和得力助手。1891 年，在梁、陈二人的建议下，康有为将书屋迁至长兴里拐角处的邱氏书室，这里绿树成荫，环境清幽。取培植万木、培养栋梁之材的含义，康有为将书室命名为“万木草堂”，并定下了“激励气节，发扬精神，广求智慧”的办学宗旨。

万木草堂所在的邱氏书屋始建于 1804 年，初名“长兴学舍”，坐西向东，占地面积约为 663 平方米，三间三进，房屋均为硬山顶、碌灰筒瓦、青砖石脚，是传统的岭南祠堂建筑。

草堂之中，康有为的学问和理念得到了提升，他在此编著了《新学伪经考》《孔子改制考》等经典，后来成为维新运动的理论依据，同时撰写了《长兴学记》作为草堂的学规纲领，形成一套新的讲学制度和形式，在当时极具前瞻性和反省意义。万木草堂的课堂，不似传统私塾般一板一眼，中西学术相结合，体育与习礼并重，学生们可以各抒己见、共评时事，浓厚而自由的学习氛围一时间吸引了众多学子前往。

1891 年，万木草堂迁至卫边街的邝氏宗祠，1893 年又因弟子渐增，迁至广府学宫仰高祠。直到 1898 年 9 月，随着戊戌变法失败，康有为逃亡日本，万木草堂被清政府查封。7 年间，康有为在万木草堂培育学生近千人，他们都成了当时最具新思想之人，成为几年后在千百年来“囿于祖宗之法”的中国进行维新变法的领军人物，梁启超、陈千秋、麦孟华、徐勤等人便是其中优秀的代表。

万木草堂被誉为“维新运动的黄埔军校”，对维新运动的作用以及在中国近代史上的地位不可小觑。如今走进这“万木森森一草堂”，早已没有了书声入耳，但门额所刻“邱氏书室”四字犹在，维新变法之精神亦未被岁月抹去。正如康有为后来赋诗，自诩万木草堂创办之功时所述：“万木森森万玉鸣，集鳞片羽万人惊。更将散步人间世，化身亿万发光明。”

图注

1~4. 万木草堂的头门、石柱础、山墙、檐下梁柱结构，处处皆显岭南建筑特色

5. 万木草堂天井中的康有为与梁启超塑像

“‘云台功首，甲午留名’，历史没有忘记这位*民族英雄*，

宗祠继续传扬邓公之精神，激励后人。”

图注

1. 如今已成为广州市爱国主义教育基地的邓氏宗祠
2. 天井中绿树如荫，石板路的尽头安放着一尊邓世昌铜像
3. 宗祠内的展览，以邓世昌出生地龙涎里作为起点
4. 邓氏宗祠内展出的北洋海军章程
5. 精致的石柱础见证祠堂芳华
6. 祠堂内的“保国卫民”牌匾，落款为“甲午初秋威海渔民敬献”

中国近代海军名宿邓世昌将军故里，龙涎胜地仍长响甲午战争悲壮长歌

Longxianli is the hometown of Deng Shichang, the famous Chinese naval general in modern times, and a elegy of 1894 Sino-Japanese Naval Battle is still haunting here

<< 广东省文物保护单位

2008.11 第五批

邓氏宗祠

Deng's Ancestral Hall

年代： 1895 年
地址： 广州市海珠区宝岗大道

Date: 1895
Address: Baogang Dadao, Haizhu District, Guangzhou

Deng Shichang was an outstanding general and national hero in the modern Chinese navy. After his sacrifice in 1894, the Deng clan in Guangzhou expanded the Deng's Ancestral Hall in memory of him. The Deng's Ancestral Hall was built in 1834, located on the east side of the former residence of Deng Shichang. It is in the form of a traditional Canton ancestral hall. Deng Shichang lived here during his childhood.

邓世昌是中国近代海军史上的杰出将领、民族英雄。他从小勤奋好学，成绩优异，担任北洋舰队中军中营副将后，更是治军有方、屡立战功。1894 年 9 月，震惊中外的中日甲午海战打响，邓世昌在黄海海战中指挥致远号冲锋在前，与诸舰配合作战，重创多艘日舰的同时，致远号也多处中弹。危急之际，邓世昌决定全力冲撞日舰主力，与其同归于尽，途中不幸遭遇鱼雷，邓公与 200 名烈士一同魂归大海。

邓世昌殉国后，朝野震悼，光绪皇帝追赠邓公为太子少保，并按提督标准给予抚恤。邓氏族人为纪念邓世昌，于 1895 年利用部分抚恤金扩建了邓氏宗祠。

邓氏宗祠始建于道光十四年（1834），位于广州龙涎里邓世昌故居东侧，坐北朝南，乃邓公儿时的活动场所，是传统的广府祠堂形制。扩建后的邓氏宗祠为三路两进，前后座由廊庑相连，四角各有一座阁楼，还建有东院、后花园等，总面积约 4700 平方米。整座建筑以规整的长条花岗石为基础，水磨青砖砌墙，梁架选用进口坤甸木搭建。在高大庄重的祠堂正门，便能见到“云台功首，甲午留名”的楹联，光绪帝亲撰挽联：“此日浸挥天下泪，有公足壮海军威”亦在宗祠内高悬。扩建后的邓氏宗祠成为广州一方胜地，众多官府官员、乡绅名流、文人墨客慕名前来瞻仰祭祀，留下了大量祭诗悼文。

1985 年，海珠区政府在邓氏宗祠里竖起一尊邓世昌塑像。1994 年，邓公牺牲百年之际，历史的硝烟早已散尽，而邓氏宗祠经历近半年的大规模整修，再现雄姿，邓世昌纪念馆亦在宗祠内正式成立，让人民所敬仰的民族英雄，又一次回归人们的视线。

两广地区声名远播的民族英雄刘永福将军，曾留穗廿余年，白云山南麓仍留有家庙与家宅

General Liu Yongfu, who won the reputation in Guangdong and Guangxi, lived in Guangzhou for over 20 years. His former residence and ancestral hall remain at the southern foot of Baiyun Mountain

依傍白云山南麓的岭南庙堂，记录着晚清名将的荣光，是忠义精神的诠释。

<< 广东省文物保护单位

2008.11 第五批

刘氏家庙

Liu's Ancestral Hall

年代： 1900 年

地址： 广州市天河区广州大道中

图注

1. 刘氏家庙的博古脊与蓝色琉璃瓦
2. 刘氏家庙头门，庄重大气
3. 由通透的东厢房看向天井

“刘义打番鬼，越打越好睇。”这段流传于两广地区的民谚，刻画的是晚清名将刘永福抗击法国侵略军的事迹，他因在家排行老二，而粤语中“二”与“义”同音，被世人尊称为刘义哥。刘永福 20 岁时加入天地会投身起义，29 岁时创建黑旗军，在中越边境一带擒匪除霸、维护治安，赢得了越南政府与人民的信任。1883 至 1884 年，刘永福在中法战争中率黑旗军援越抗法；1895 年，又在中日甲午战争中赴台抗击日本侵略军，直至弹尽粮绝，被迫撤回广州。在多年与帝国主义侵略者的抗争中，刘永福建立了卓越的功勋，是我国近代史上著名的民族英雄。

自 1886 年初入驻广州，至 1912 年初辞职回籍，刘永福在广州度过了 26 年时光。在此期间，刘永福在白云山南麓沙河西侧修建刘氏家庙，作为供奉家祖以及居住的寓所。

刘氏家庙落成于清光绪二十六年（1900），坐北朝南，中轴对称，采用了规整的典型岭南祠庙建筑布局。家庙广三路、深两进，建筑均用清水青砖墙砌成，人字封火山墙，覆以蓝色琉璃瓦当及滴水剪边。中路的头门和后堂组成了家庙主体，中间以开阔的天井相隔。头门面阔三间，门额上是阳刻的“刘氏家庙”四字，工整大方。后堂设有供奉祖先神位的神龛，刘永福居住于此时每日礼拜，而柱子上那对刘永福在 1900 年亲撰的长楹联，述说了他对黑旗军援越功绩的自豪与继续为保家卫国出力的志向。家庙右侧，是一座约 30 平方米的忠义祠，奉祀着在越南抗法战争中阵亡的黑旗军将士。刘氏家庙内的装饰，带有浓烈的晚清岭南厅堂建筑风格，以人物、动植物为主题的砖雕、石雕、木雕、灰塑无不精致，山墙内外的灰塑卷草纹尤为精彩。

然而在抗日战争时期，刘氏家庙遭日军毁坏，头门的屏门被拆，忠义祠仅存两个石柱础。1949 年后，刘氏家庙曾被改作学校和公司仓库，直至 1992 年被广州市文物管理委员会收回，大规模重修后于 2007 年正式对外开放。时移世易，家庙的荣光虽已远去，但刘将军流传下来的忠、义、信、节，一直在此处留存。

Date: 1900
Address: Guangzhou Dadao Zhong, Tianhe District, Guangzhou

Liu Yongfu was a famous general in the late Qing Dynasty who entered Guangzhou in 1886. During the 26 years he spent in Guangzhou, he built the Liu's Ancestral Hall at the southern part of Baiyun Mountain, as a place to worship Liu's ancestors, as well as an apartment to live in. The Liu's Ancestral Hall has a mixed brick and wood structure, with a typical Lingnan ancestral architectural layout.

3

广东咨议局旧址
Site of Former Guangdong Advisory Bureau

石砌的荷池拱桥通往咨议局大楼的古罗马式门廊。

图注

1. 咨议局外围回廊
2. 从大楼回看荷池拱桥
3. 内部复原的议会布局
4. 大楼主体采用当时极具冲击性的西方建筑样式
5. 内部设有广东革命历史展

中国最早一批推行『议会制度』的实验田，广东革命历史中重大事件的重要舞台

One of the earliest experimental fields for the parliamentary system of China and an important stage of significant events in Guangdong revolutionary history

④

⑤

<< 全国重点文物保护单位

2006.05 第六批

广东咨议局旧址

Site of Former Guangdong Advisory Bureau

年代： 清 — 民国
地址： 广州市越秀区中山三路烈士陵园内

Date: Qing Dynasty — Republic of China
Address: Guangzhou Uprising Martyrs Cemetery, Zhongshan 3 Lu, Yuexiu District, Guangzhou

To save the Qing Dynasty from the turbulent situation, the Qing government asked the provinces to set up consultative bureaus in 1908. In February 1909, a cream-colored building of the consultative bureau was erected in Guangzhou. As a government department, the building adopted Western architectural style, which was very impactful at that time.

为挽救风雨飘摇的清王朝，缓和社会矛盾，清政府于1908年颁布九年预备立宪诏，要求各省仿照西方议会制度，成立咨议局。1909年2月，广州大东门外矗立起乳白色的“议会式”大楼——广东咨议局作为清廷一个政府部门，外部是中国传统园林的小桥流水，大楼却以西方建筑样式兴建，在当时带来的冲击力是今天难以想象的。

广东咨议局大楼坐北朝南，自南至北为大门、石砌荷花池拱桥、仿古罗马议会建筑形式的主楼以及砖木结构的两层楼房，主楼东西两侧还有砖木结构附属建筑，如今仅存石砌荷花池拱桥及主楼。主楼前圆后方，是砖木与钢梁柱混合的结构，大厅屋顶为半球形，空间开阔，内有弧形回廊。主楼大门入口在1948年改建为四根高耸的巨型圆柱，更显气势磅礴。

1909年9月，广东咨议局正式成立，主要活动包括召集会议，提交为地方兴利除弊、审核政府财政收支等各种议案。然而由于清政府对咨议局职权的钳制，咨议局实质上有名无实，仅成立两年多，便随着辛亥革命及武昌起义的爆发，退出了历史舞台。

尽管如此，这栋大楼却是中国革命的见证者。1911年10月，广东各界代表在咨议局宣布脱离清政府，成立广东都督府。1921年5月5日，孙中山在主楼礼堂宣誓就任中华民国非常大总统。1925年11月，国共合作大本营——国民党中央党部迁至楼内办公，国共合作的许多重要政策、法令、指示诞生于此。1927年初，国民党中央北迁，这里成为国民党广东省党部所在地。1959年10月1日，咨议局旧址主楼作为广东革命历史博物馆正式对外开放，这片土地上的百年革命记忆在这里如画卷般徐徐展开。

“这里，是举国为之扼腕的黄花岗起义的指挥部，

波澜壮阔的辛亥革命，也因此揭开**序幕**。”

『与武昌革命之役并寿』的黄花岗起义，指挥部就在离两广总督署数百米遥的这座青砖大屋

The Huanghuagang Uprising is as immortal as the Wuchang Uprising, and its headquarter is located in this large brick house—a few hundred meters away from the government office of Guangdong and Guangxi

<< 广东省文物保护单位

1978.07 第一批

“三·二九”起义指挥部旧址

Site of the "March 29th" Uprising Headquarters

年代： 1911 年
地址： 广州市越秀区越华路

Date: 1911
Address: Yuehua Lu, Yuexiu District, Guangzhou

Hidden deep in the lane, this hut with traditional Lingnan residential features was originally an official residence of the Qing Dynasty. In 1911, Huang Xing, the main leader of the Chinese United League, was entrusted by Sun Yat-sen to launch armed uprising. So the hut was turned into the command headquarters of the uprising.

深藏在越华路小巷中的这座青砖大屋——小东营 5 号，坐北朝南，三间四进，大门是岭南建筑中典型的趟栊门，院内每进之间均以天井、花园相隔，极具晚清岭南传统民居特色。大屋原为清朝官员府邸，称为“朝议第”，其后几易其主。

1911 年 4 月，同盟会主要领导黄兴等人受孙中山先生委托，计划再次发动武装起义，推翻清政府的封建统治，为了快攻速胜，与两广总督署（今广东省民政厅）仅相距 450 米的小东营 5 号便被选为了起义的指挥部。

1911 年 4 月 27 日下 5 时半，担任此次起义总指挥的黄兴写下“誓身先士卒，努力杀贼，书以此当绝笔”的遗书后，亲自率领先锋队 100 余人由指挥部出发，攻入两广总督署。由于遭到清军多路合围反扑，革命党人与敌军激战一昼夜后，最终失败，100 多名革命党人牺牲。起义当日为农历三月二十九日，因此将此次起义称作辛亥“三·二九”起义，又因为有 72 位起义中牺牲的烈士葬于黄花岗，史称“黄花岗起义”。

这次起义拉开了辛亥革命的序幕，得到孙中山先生的高度评价：“是役也，碧血横飞，浩气四塞，草木为之含悲，风云因而变色，全国久蛰之人心，乃大兴奋，怨愤所积，如怒涛排壑，不可遏制，不半载而武昌之大革命以成，则斯役之价值，直可惊天地泣鬼神，与武昌革命之役并寿！”

此后这座大屋被同盟会成员李章达先生买下，1955 年李章达夫人尹映雪、儿子李诵刚遵照李章达遗愿，将房屋捐给国家。1958 年指挥部旧址被辟为纪念馆。在“三·二九”起义 95 周年纪念之际，广州市人民政府拨专款对旧址进行了维修保护。

如今馆内存放着一对花岗岩石狮，当年曾摆放在两广总督署门前，石狮上弹痕累累，诉说着当年革命起义的壮烈。

图注

1~2. 屋内陈放着孙中山的雕像，卷云舒风间，注视着一片经先烈牺牲换回的朗朗乾坤

3~4. 旧址院内每进之间均以天井、花园相隔，属晚清岭南典型的传统民居建筑形式

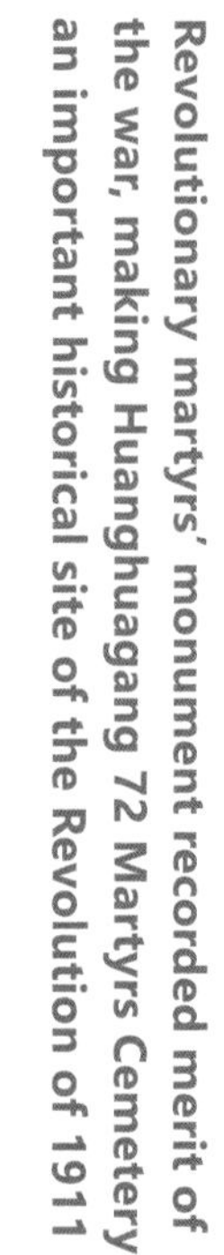

革命之路悠长，留下百年墓园、黄花墓道，一草一木、一碑一亭，皆值得后人怀古缅怀。

<< 全国重点文物保护单位

1961.03 第一批

黄花岗七十二烈士墓

Huanghuagang Mausoleum of 72 Martyrs

年代： 1911 年

地址： 广州市越秀区先烈中路

1911 年的农历三月二十九日下午，黄兴率领 100 余名革命志士发动武装起义，袭击焚烧两广总督署，一夜浴血奋战，史称“三·二九起义”。这是中国同盟会发起的第十次武装起义，也是革命党人牺牲最为惨烈的一次，死难烈士的遗骸陈尸于咨议局前空地，惨不忍睹。以记者身份掩饰的革命党人潘达微冒死求助广仁善堂收集了 72 具烈士遗骸，又以自己的房屋为抵押购得一处荒草地，将烈士残骸合葬于红花岗。随后潘达微以“咨议局前新鬼录，黄花岗上党人碑”为题，将安葬烈士的情况在报纸上做了报道，并将红花岗易名为黄花岗，这次起义因此被称为“黄花岗起义”。

1912 年，清朝灭亡后，广东军政府拨款 10 万元在潘达微掩埋忠骨处始建烈士墓园，同年首次举行了七十二烈士墓祭典，然而修陵之事因政局变动而迟迟未启。1918 年，方声涛募捐继续修建，墓园初具规模。1919 年，参议院议长林森发起海外华侨募款，先后增建了墓亭、纪功坊、乐台、四方塘、黄花亭、西亭、大门楼等，至 1935 年基本建成。

早期墓园为著名建筑师杨锡宗设计，坐西北朝东南，主要建筑沿中轴线依托地形逐级上升。在正门抬头仰望孙中山于民国十年（1921）题书的“浩气长存”四个鎏金大字，跨过三拱凯旋门大牌坊，肃敬之情油然而生。沿墓道斜坡走上“默桥”，人不由自主地低头，默默感怀先烈之忠诚与崇高。过桥拾级而上，13 米高的墓坊如期而至，“浩气长存”四字再次出现，岗陵之上，是竖立了百年的墓冢方表墓冢。墓平面呈正方形，前设一石拜桌，花岗岩墓基，石砌围栏四周围着铁链栏杆。

中央正方形石亭乃仿西方古典风格柱式，自由钟形亭顶，亭顶四边镌刻着革命党党徽的山花，颇有西方教堂光荣加冕之意味，此乃林森接手后亲自监理的超前

Date: 1911
Address: Xianlie Zhonglu, Yuexiu District, Guangzhou

After the "March 29th Uprising" in 1911, revolutionary Pan Dawei risked his life to collect the remains of 72 martyrs under the help of Guangren Charity Hall, and buried them in Honghuagang. In the same year, Honghuagang was renamed Huanghuagang, so this uprising was also called "Huanghuagang Uprising".

图注

1. 黄花岗七十二烈士墓
2. 史坚如雕像
3. 用连柱青石所雕刻的龙柱
4. 在默池一侧望向纪功坊
5. 晨雾中肃穆的墓园

3

4

5

In 1912, the Guangdong Military Junta started to build Huanghuagang Cemetery for 72 Martyrs. In the same year, the first ceremony was held.Due to alterations of the political situation, the construction of cemetery was postponed until 1918. A monument was erected in 1932 to add the names of 14 martyrs. The cemetery was basically completed by 1935.

设计。亭中立着“七十二烈士之墓”墓碑，镌刻着 72 位烈士的姓名，1932 年又立碑补了 14 位烈士之名。祭坛上的香火燃了百年，祭坛下的凭吊者也青丝变白发。

墓后是“缔结民国七十二烈士纪功坊”，横额由章炳麟题写。这座纯花岗岩石构建筑采用全石榫咬合，历百年风吹雨打仍岿然不动。坊内东西两侧各有螺旋式梯级可登顶，顶层中间用 72 块长方形青石横列堆砌成崇山形的“献石堆”，每块青石由中国国民党在海外的一个支部敬献，顶端伫立着高举火炬的自由女神石像。纪功坊后耸立着由邹鲁撰文的广州辛亥三月二十九日革命记碑，乃 1934 年以连州青石刻置。碑文较详尽地记述了黄花岗起义的历史和墓园修建经过，却斑驳而自威凛。碑刻背面是七十二烈士就义表，一个个忠肝义胆的名字和他们的故事历历在目。

墓园南边有一侧门，红色拱形铁门上嵌着“黄花岗七十二烈士墓道”10 个大字，这原是早期墓园正门。铁门两侧皆有一高大的花岗岩石座，上立有仿一间十柱式牌坊的花岗岩石柱，柱间立一青石，雕有西式狮子戏彩球、仙鹤等造型。墓道两侧排列着海内外各界人士致祭时敬献的十余方献辞刻石和一对青石透雕蟠龙柱。 如今每一年的“黄花岗起义”公祭日，人们依旧身穿素衣，襟别白花，默默肃然地走向墓冢，向烈士们致敬，园内黄花四时常开，簇拥着英魂，浩气永存。

图注

1. 纪功坊
2. 黄花亭
3. 沿中轴墓道前行，肃敬之情油然而生
4. 拾阶而上，便可看见七十二烈士墓
5. 陵园内树木参天，环境清幽
6. 春日的墓园里，木棉怒放

“从广东士敏土厂到大元帅府，这座鹅黄色小楼与孙中山先生结缘，见证了晚清到民国时期广州的风云变幻。”

图注

1. 大元帅府，由澳大利亚著名设计师帕内设计，外廊式建筑风格

2~5. 楼内的红色楼梯、花砖，还回响着当年足音

曾是清末以实业兴国的实验田，再到叱咤风云的民主革命大本营

From the experimental field of industry for national development in late Qing Dynasty, to the masterful stronghold for democratic revolution

<< 全国重点文物保护单位

1996.11 第四批

广州大元帅府旧址

The Memorial Museum of Generalissimo Sun Yat-sen's Mansion

年代： 民国
地址： 广州市海珠区纺织路东沙街

Date: Republic of China
Address: Dongsha Jie, Fangzhi Lu, Haizhu District, Guangzhou

The Memorial Museum of Generalssimo Sun Yat-sen's Mansion was originally the Guangdong Shimin Clay Factory, the second largest cement factory in China. In 1917 and 1923, Sun Yat-sen twice borrowed the building for the Marshal's residence. This small yellow building combines Baroque style, South Asian colonial architecture style and Lingnan traditional architectural art.

1924 年春，阵阵温润的江风吹来，孙中山先生身穿条纹布长衫，坐在大元帅府南楼阳台的办公圆桌前，面带微笑，摄影师为他拍下一张珍贵的晚年肖像。那一年，孙中山在广州成立的陆海军大元帅大本营刚好一岁，而这已是先生第二次在这里建立革命政府了——早在 1917 年，孙中山就来到广州就任中华民国军政府海陆军大元帅，开展护法运动，这座鹅黄色小楼便从那时起，与孙中山先生结缘，被借用为大元帅府。

大元帅府面朝珠江，见证珠水潮起潮落，也见证广州百年风云。在那段动荡的岁月里，孙中山创立了一文一武两学堂——国立广东大学和陆军军官学校，组建北伐军，平定商团叛乱，改组国民党，召开了国民党一大，提出了“联俄、联共、扶助农工”的三大政策，开始了第一次国共合作。可以说，中国革命史、中国共产党史、中国国民党史的许多重大历史事件都发生在这里，广州大元帅府将与这些历史事件一起载入史册，流芳千古。

时间回到 1906 年，这里是当时中国境内第二大水泥厂——锐意改革、热血铁腕的父母官岑春煊在广州筹建增埗自来水厂，又引进德国克虏伯机器，筹办广东士敏土（水泥）厂，这座全国最早的一批水泥，便就是后来与孙中山二度结缘的大元帅府。

大元帅府坐南向北，由门楼、南楼、北楼组成，由澳大利亚著名设计师帕内设计，建筑风格中西合璧。当时欧洲盛行的巴洛克风格，在其门楼的立面造型上清晰可辨，门洞上方是涡卷形山花，而左右两侧墙面却有地道的中式“寿”字图案灰塑。南北二楼皆为三层、砖木石钢混合结构，都有相通的连续拱券，拱券和立柱的线脚装饰甚考究，被隐藏的金字架灰塑瓦面，花岗石基，四壁水泥批荡，多处细节都将巴洛克风格、南亚殖民地建筑风与岭南传统建造艺术熔于一炉。

孙中山先生为大元帅府播下了革命先行者的种子。1996 年 11 月，广州大元帅府旧址由国务院公布为全国重点文物保护单位。细品慢溯，倚着北楼办公室护栏看一眼先生亲笔题的“求是”二字，过南楼一窥原貌复原的先生办公住所。动荡岁月里，先生选择此地为帅府和大本营，蒋介石和廖仲恺在二楼办公，先生和夫人在三楼起居，宋美龄也曾在小客房住过。情景再现，历史仿佛触手可及。

“这里是当年的华南明灯，是大革命时期我党、团重要的活动场所。”

华南地区最早系统传播马克思主义的杨匏安，其家族古祠亦是广东共产党早期活动的重要阵地

Yang Pao'an is the first one to systematically spread Marxism in South China, and his ancestral hall was an important position for the Guangdong Provincial Party Committee of the Communist Party of China in early phase

<< 广东省文物保护单位

2019.05 第九批

杨匏安旧居

Former Residence of Yang Pao'an

年代： 1918 年
地址： 广州市越秀区越华路

Date: 1918
Address: Yuehua Lu, Yuexiu District, Guangzhou

Former Residence of Yang Pao'an, also known as the Yang's Ancestral Hall, is where the revolutionary martyr Yang Pao'an lived in Guangzhou from 1918 to 1927. This traditional Canton ancestral hall was an important place of activity for the Chinese Communist Party during the revolutionary period. Communists of the Canton District often conducted research here.

在广州市越秀区越华路的一条小巷中，一座传统广府老祠堂矗立于此，这便是名为“泗儒书室”的杨家祠堂。这座隐于闹市之中的百年祠堂，是香山县南屏北山杨氏家族在广州设立的宗祠，是杨氏子弟到广州读书应试的寓所，亦是革命先烈杨匏安 1918 年至 1927 年在广州的主要居住地。

在五四运动和新文化运动潮流的影响下，杨匏安开始撰文介绍西方的心理学、哲学和社会学，并于《广东中华新报》发表了大量文章，其中的长文《马克思主义（一称科学的社会主义）》连载了 19 日，是华南地区最早系统介绍马克思主义的文章，影响深远。杨匏安作为华南地区系统介绍马克思主义的先驱，在当时与李大钊并称“北李南杨”。

1921 年，杨匏安加入中国共产党，次年任共青团广东区委代理书记，杨家祠成为杨匏安主要的活动场所，亦成为广东共产党早期组织活动的重要阵地。当时广东党组织在杨家祠的活动隐秘却频繁，早期，谭平山、谭植棠、阮啸仙等人常常在这里开会，此后，刘少奇、张太雷、李立三、穆青等共产党员也常常前来，研究党在广东的工作。

1923 年，中共在广州召开第三次全国代表大会，杨匏安参与中共“三大”的筹备工作，为参会代表安排食宿、提供后勤保障，杨家祠因此也成为中共“三大”的会议筹备联络处，决定国共合作，杨匏安受派到国民党中任职；1924 年 1 月国民党一大召开后，任国民党中央组织部秘书、代理部长，正是杨匏安等人的努力，使得国共合作的愿景落地、生根、发芽。

这座清代祠堂如今仅存前座，2019 年，经过保护修缮与活化利用的杨家祠更名为杨匏安旧居，作为纪念馆重获新生。续写红色故事，传承红色精神，杨匏安旧居成为广州市一张重要的红色名片。

图注

1~4. 砖墙、壁画、柱子、石板小路，杨家祠遗存不多的痕迹，依旧讲述着广州的红色故事

5~6. 修缮后的杨匏安旧居

1

“在广州传统中轴线上，这栋巍峨大楼见证了广东近现代革命风云
自隋以来就是一方政权的重要倚仗，至今继续滋养着这片**福地**。”

2

这个千年古道上的守扼百年广东财政大权的时代地标，亦见证过广东民主革命的高光时刻

This landmark in the Millennium Road held the financial power of Guangdong for hundred of years, also witnessed the significant moments of democratic revolution in Guangdong

<< 广东省文物保护单位

2002.07 第四批

广东财政厅旧址

Former Site of Department of Finance of Guangdong Province

年代： 1915 年
地址： 广州市越秀区北京路

Date: 1915
Address: Beijing Lu, Yuexiu District, Guangzhou

Department of Finance of Guangdong Province was initially the highest administrative agency assigned in Guangdong Province by the Ming and Qing imperial courts. The original site was changed into the Department of Finance after the founding of the country. The overall building is of brick, wood and reinforced concrete structure, adopting the classical architectural style popular in Europe.

一条北京路，串联起广州城唐代至今的千年历史。北京路最北端、与广卫路相接处，早在隋初便是广州刺史署所在地，到了明、清两代，这里是朝廷派驻广东省的最高行政机构——广东承宣布政使司的所在地。民国时期，这里建起了一座仿欧洲文艺复兴时期建筑风格的新潮建筑，即为广东财政厅大楼。

广东财政厅旧址坐北朝南，平面呈凹字形，为砖木、钢筋混凝土结构，1915 年奠基、1919 年竣工的一期工程，仅修建了第一至三层，二期工程修建了第四、第五层及穹隆顶，大楼才成为如今我们看到的模样。首层是基座层，开有平缓的拱券窗。由花岗岩台阶来到二层财政厅大门前，门顶是一块“广东财政厅”石匾额，匾下仍能见到“中华民国八年六月吉日”的字样，门两侧的巨柱直通至三楼檐部，气势轩昂。

大楼外立面上壁柱、外窗、女儿墙线脚的变化，为这座雄伟稳重的建筑增添了一份灵动。

这栋大楼作为当时的重要地标，见证了广东近现代许多重大事件的发生。1921 年 4 月，孙中山先后在此与国会议员举行茶话会、欢迎援闽粤军回粤。同年 5 月 5 日，孙中山宣誓就任中华民国非常大总统，他登上财政厅阳台，检阅庆祝游行的群众队伍。1922 年，孙中山在财政厅举行新闻记者会，揭露陈炯明反对北伐的阴谋。1924 年 11 月，孙中山计划北上促请召开国民会议，在离开广州前又再次登上财政厅，向举行欢送大会的民众致意。1925 年 7 月起，大楼成为国民政府广东省政府所在地。

中华人民共和国成立后，这座重要的建筑并未被束之高阁，而是一直作为广东省财政厅办公楼使用。如今，广东财政厅旧址附近一座座风格相异的高层建筑拔地而起，在新旧融合间，广东财政厅旧址大楼带着时光赋予的从容，继续滋养着广东这片福地。

图注

1. 财政厅位于北京路的北端
2. 窗格上隐约可见不远处北京路上的骑楼
3~4. 广东省财政厅原址，至今一直是省财政厅办公楼

中国共产党历史上第一个地方『纪委』诞生之地

The place is where first "local Discipline Inspection Commission" was born in the Chinese Communist Party history

---

中共广东区委曾在这处典雅的骑楼里，继往开来地开创新局面。

<< 全国重点文物保护单位

2019.10 第八批

中国共产党广东区执行委员会旧址

Site of the Executive Committee of the Guangdong District of the Communist Party of China

年代： 1922 — 1927 年
地址： 广州市越秀区文明路

图注

1. 这四幢相连的三层骑楼，是当年广东区执行委员会所在地
2. 楼内复原了当时办公的场景

这里，应该是“大革命”时期中国共产党建立的最大的地区区委，也是最早建立的地区区委之一；这里，建立了中国共产党首个地方纪律监察机构——监察委员会；这里，建立了中国共产党最早的地方军事机构——军事运动委员会；这里，还是“大革命”时期全国辖区最广、党员人数最多的地方党组织，为党的发展做出了重要贡献……在文明路骑楼群中，这一幢看似平平无奇的三层骑楼，就是创造过无数个之最的中共广东区执行委员会旧址。

骑楼坐南朝北，为砖木结构，内部互通，屋顶有天台及女儿墙，中部设有山花。

1922 年，中共中央决定，将广东支部扩大为广东区执行委员会，领导广东、广西两省的革命斗争。为了适应管辖范围的扩大和党员人数的增加，广东区委办公地在 1924 年由杨家祠搬到了这座骑楼，当年骑楼的一楼，开设有中药铺、杂货铺、小吃店、鞋铺，为区委工作做掩护，而第二、第三楼，正是中共广东区委员会和青年团广东区委员会办公之所，陈延年、周恩来、彭湃等老一辈无产阶级革命家和革命先驱曾在这里办公，领导广东人民开展革命斗争。

1927 年 4 月，广东区委所在地遭到国民党搜查、破坏，广东区委迁至香港，这栋骑楼在此后便一直作为民居，直到 1960 年辟为中共广东区委旧址纪念馆。

如今走入纪念馆，一、二楼成为历史展厅，二楼楼梯口的岗亭、三楼的中共广东区委书记办公室及各部委办公室均已复原。

在区委书记陈延年的办公室中，书桌、书架、行军床等物件皆是简朴模样，毛泽东、周恩来、邓中夏、吴玉章等同志也曾在这里共同研究工作。而办公室的木隔墙上，还有一个小窗口与秘书处办公室相通，专为陈延年跟秘书商谈工作和传递文件而开。近一百年前风云激荡的岁月，在这样的细节里又鲜活了起来。

Date: 1922 — 1927
Address: Wenming Lu, Yuexiu District, Guangzhou

In order to lead the revolutionary struggle in Guangdong and Guangxi provinces, the CPC Central Committee expanded the Guangdong Branch into the Guangdong District Executive Committee in 1922. This was one of the earliest regional district committees established by the Communist Party of China, and the largest local district committee. Site of the Executive Committee of the Guangdong District of the Communist Party of China is a four-block three-story arcuated architecture. The Guangdong District Committee established the first local supervisory committee of the CPC here, accumulating important experience for the CPC to create a central supervisory committee.

2

3

怀着反击帝国主义、建设美好新世界之梦想 席卷全国的工人革命运动由此燎原

There is the ideal of fighting against imperialism and building a better new world.Revolutionary laborers from all over China started from here

全国工人的最坚韧力量在此集结，伟大的爱国主义者廖仲恺先生牺牲在此、工农运动烈士之魂寄于斯，拱门圆窗、山花浮雕，皆为岁月见证。

<< 全国重点文物保护单位

1988.01 第三批

中华全国总工会旧址

Site of All China Federation of Trade Unions

年代： 1925 — 1927 年
地址： 广州市越秀区越秀南路

在如今车水马龙的广州越秀南路，有一座鹅黄色女儿墙包围的庭院，在大树掩映下分外悦目。

院内两层半高的砖木结构西式洋房，面朝着旭日升起的东方。建于清末民初的洋房， 原为“惠州会馆”，底部为半层地下室，清水红砖墙，角位嵌花岗岩石脚，厚朴而典雅；一层、二层均为外廊式结构，鹅黄色外墙，楼顶的山花以鲜花浮雕装饰。

在 1924 年，会馆一层便是广州工人代表会办公场所，中央大厅为广州工人代表会礼堂，二层则用作国民党中央党部办公处。

1925 年 8 月，忙于工农革命运动的廖仲恺前往党部开会，不幸在门前遇刺。同年，中华全国总工会由大德路的临时办公场所迁至会馆二层，各部门办公室用木板相隔，这里便成为了中华全国总工会成立后的第一个总部所在地。当年“全总”下设秘书处、总务处、组织部、宣传部、宣传教育委员会、监察委员会等机构，由林伟民、刘少奇任正、副委员长。中华全国总工会进一步开展全国工人运动，领导反对帝国主义的“五卅”运动和省港大罢工，沉痛打击了帝国主义，实现了全国工会在政治和组织上的团结与统一。

1926 年，第三次全国劳动大会和第二次广东省农民代表大会在广州联合举行，大会决定在“全总”会址前院修建“ 廖仲恺先生纪念碑”和“工农运动死难烈士纪念碑”，以铭记廖仲恺先生和近代中国工人在革命中作出的奉献与牺牲。 1927 年 2 月，“全总”北迁汉口后，这里改为中华全国总工会广州办事处。中华人民共和国成立后，人民政府曾数次拨款修缮旧址，并辟为纪念馆对外开放。

穿过圆形拱门和雕花铁栏栅门扇进入纪念馆，便能一窥昔日中华全国总工会的工作现场。会馆一层，广州工人代表会礼堂的室内陈列一如往昔，纪念馆内一件件文物、一份份史料生动地讲述着中华全国总工会诞生历程以及中国共产党领导工人运动的光辉历史。

Date: 1925 — 1927
Address: Yuexiu Nanlu, Yuexiu District, Guangzhou

Site of the All China Federation of Trade Unions was originally the Huizhou Guild Hall, a western-style building with brick and wood structure. In 1925, the All China Federation of Trade Unions moved here as a work place. In 1927, it was changed into the Guangzhou office of the All China Federation of Trade Unions.

图注

1. 廖仲恺先生牺牲处纪念碑，诉说着黎明前长夜里噬人的暗涌
2. 中华全国总工会旧址，如今也是中华全国总工会旧址纪念馆

全中国国民革命者联合起来
——一九二三年八月一日《中国共产党对于时局之主张》
中共三大代表
出席中共三大的代表
中共三大召开前，中共中
央以"钟英"为代号，指示各
地大致从每十名党员中选派一
名代表，前往广州参加大会。
中共三大代表的完整名单目前
尚未发现。根据马林笔记、与
会代表回忆等资料，代表人数
至少有 40 名，其中可查实姓
名的有 38 名。他们当中最年
长者 46 岁，最年轻者 21 岁，
均年龄为 29.8 岁，有工人、
识分子、军人，第一次有女
代表参会。他们来自各地，
广泛的代表性。

中共第三次全国代表大会会址

Site of the Third National Congress of the Communist Party of China

遗址旁新建的纪念馆，剩余的墙基、台阶遗址，仍然述说着当年这段辉煌的红色历史。

图注

1. 中共三大会址纪念馆与遗址广场
2. 纪念馆内，38 位中共三大代表的照片赫然在目

“这次大会促进了国民大革命的胜利进行，
取得了辉煌的历史功绩，开启了中国革命的 **新篇章**。”

百年间唯一在广州举办的中共全国党代会，组织迅速扩展、达成国共合作，伟业进入快车道

The only national congress of the Communist Party of China held in Guangzhou so far, where the great career set sail from

<< 全国重点文物保护单位

2013.03 第七批

中共第三次全国代表大会会址

Site of the Third National Congress of the Communist Party of China

年代： 1923 年
地址： 广州市越秀区恤孤院路

Date: 1923
Address: Xuguyuan Lu, Yuexiu District, Guangzhou

In 1923, the Third National Congress of the Communist Party of China was held in a Qilou building in Xinhepu. This congress was the only national congress of the Chinese Communist Party held in Guangzhou with great historical significance.

岁月漫漫，广州这座英雄城市留下了许多值得纪念的重大历史事件的重要遗迹。在新河浦历史文化街区里，曾召开过一场对当时中国革命产生巨大影响的会议——中国共产党第三次全国代表大会，这是迄今中国共产党唯一在广州召开的全国代表大会，这次代表大会具有重大历史意义。

中共三大会址与东山逵园仅一街之隔，原为一幢坐西朝东、两层楼高的砖木结构房屋，平面近似方形，屋顶呈人字形，是典型的旧式广州民居形式。1923 年 6 月 12 日至 20 日，中国共产党在此召开第三次全国代表大会，首层靠南面的一间作为会议室，靠北面的一间作为饭厅，二层为部分代表宿舍。

会议持续了 9 天，正式决定同孙中山领导的国民党合作，建立革命统一战线，共产党员可以以个人身份加入国民党，同时保持在政治上、思想上和组织上的独立性，并帮助国民党改组成为工人阶级、农民阶级、城市小资产阶级和民族资产阶级联盟的政党。

中共三大后，党组织迅速发展，为大规模革命运动骨干培训创造了有利条件，促进了工农群众运动的热情高涨，为统一广东、出师北伐、推动国民革命奠定了基础。此后，在中国共产党的推动下，孙中山先生对国民党进行了改组，确定了“联俄、联共、扶助农工”三大政策。

然而在抗日战争时期，中共三大会址被日军飞机炸毁，仅存 2006 年发掘出的墙基、台阶等遗址。如今这些遗址经保护并对外展示，当年房屋的布局则通过红色地砖标记出来。

2006 年 7 月 1 日，中共三大纪念馆在遗址旁落成开放，向人们展示这段红色历史，讲述红色故事，以更好地传承红色基因。

图注

1. 红色地砖标记的中共三大会址
2~4. 纪念馆内，以展览的形式继续向人们述说中共三大的红色故事
5. 纪念馆内还原的中共三大会议场景

国民党“一大”旧址
Site of the First National Congress of the Chinese Nationalist Party (KMT)

这本是一座学校的礼堂，乳黄色的外墙与绿荫让这里宁静闲雅，
1924 年的礼堂里，挤满了为国民革命之事业而来的志士，
从这里发出的声音，是反帝反封建的先锋之声，
时光飞逝，礼堂依旧，革命情怀永不朽。

图注

1. 礼堂风貌
2. 礼堂内复原了当年国民党“一大”会议布局

第一次国共牵手，国民党一大在此召开
热血儿女在此发出反帝、强国的最强音

The first national congress of the Kuomintang were held here, the first cooperation between the Kuomintang and the Communist Party of China started from here, and hot-blooded people raised their strongest voice to defeat the imperialism and forge a strong nation here

图注

1. 这座黄色外墙的礼堂，就是当时中国国民党第一次全国代表大会召开的所在地
2. 各个房间里，摆设着与这栋楼相关的历史材料
3. 礼堂内，当年毛泽东开会时的座位
4. 经过走廊，便步入当时会议的中心场地
5. 礼堂中央，悬挂着革命之父孙中山的照片

当年这里的一场举足轻重的会议，标志着国共合作反帝反封建的革命统一战线的建立。

<< 全国重点文物保护单位

1988.01 第三批

国民党“一大”旧址

Site of the First National Congress of the Chinese Nationalist Party (KMT)

年代： 1924 年
地址： 广州市越秀区文明路

在广州文明路一色南洋风格的骑楼建筑群里，藏着一座仿罗马古典式砖木结构建筑，其鹅黄色的钟楼与苍翠的绿树相映，分外耀眼。钟楼始建于 1905 年，坐北朝南，占地 300 多平方米，平面似“山”字形，因楼顶四面装有时钟而得名。钟楼所在区域原为清朝举行乡试的广东贡院，清末废除科举制度后，贡院被改建为两广优级师范学堂，辛亥革命后又改为国立广东高等师范学校，高耸的钟楼，就是校园中最具标志性的建筑。

1924 年 1 月 20 日至 30 日，中国国民党第一次全国代表大会（简称国民党“一大”）就在这座钟楼底层的礼堂内召开，孙中山以总理身份担任大会主席，出席会议的有胡汉民、林森、廖仲恺、陈树人、何香凝等国民党人，也有李大钊、毛泽东、林伯渠、瞿秋白、张国焘等共产党人。

据记载，大会的海内外代表总数为 196 人，实际出席为 165 人，其中有 23 人为共产党员。会议通过了国民党的新党纲、党章，改组了国民党组织，重新解释了三民主义，形成了“联俄、联共、扶助农工”等重大政策，同时确认了共产党员以个人身份加入国民党的原则。在孙中山的坚持下，李大钊、谭平山、于树德、毛泽东等共产党员当选中央执行委员或中央候补执行委员，约占委员总数的四分之一。

钟楼见证了第一次国共合作的正式形成，从此，中国革命走入了新的阶段，历史的巨轮扬帆前行。

随着国立广东高等师范学校与其他学校合并，钟楼又先后成为广东大学和中山大学校本部办公之地。1927 年鲁迅在 中山大学任教期间，就曾在钟楼上短暂地居住了 3 个月。1984 年，钟楼礼堂按国民党“一大”召开时的原貌复原，邓颖超为会址题名。

1988 年 1 月，国民党“一大”旧址由国务院公布为全国重点文物保护单位。

而今站在礼堂中，孙中山先生戎装服挂像高悬于会场正中的墙上，现场回放着孙中山先生阐述新三民主义的原声。主席台布置庄严，台下代表们所坐的木椅分成左右两列，椅背上写有座位号与对应代表的姓名，在左列第三排，便能发现“三十九号毛泽东”的座位，还能找到许多在共和国缔造时期，伟大而璀璨的名字。

Date: 1924
Address: Wenming Lu, Yuexiu District, Guangzhou

Site of the First National Congress of the Chinese Nationalist Party was originally the auditorium of the National Guangdong Higher Normal School, which was built in 1905. It is a brick and wood building imitating the Roman classical style. The First National Congress of the Chinese Nationalist Party was held here in 1924, marking the establishment of the revolutionary united front with the Communist Party of China.

图注

1. 走马楼
2. 军校正门上，有谭延闿所书“陆军军官学校”匾额
3. 黄色的外墙内，是当时学生的主要活动场所之一

1

“名帅杰将辈出的黄埔军校，是中国近代史极为辉煌的篇章，
重游旧址，磅礴的战斗激情犹在，那段激情燃烧的岁月触手可及。”

图注

1. 宿舍楼
2. 总理纪念碑
3-4. 复原的当年学生学习和生活场景
5. 黄埔军校校长室

无数共和国的将帅英杰从这里出发，以不灭之黄埔精神，成为民族脊梁

Countless generals and talents of the republic set out from here, and became pillars of the nation with undying spirit of Whampoa

<< 全国重点文物保护单位

1988.01 第三批

黄埔军校旧址（包括东征烈士墓）

Site of Whampoa Military Academy (Including Eastern Expedition Martyrs Mausoleum)

年代： 1924 — 1927 年
地址： 广州市黄埔区长洲街军校路

Date: 1924 — 1927
Address: Junxiao Lu, Changzhou Jie, Huangpu District, Guangzhou

In 1924, Republic of China Military Academy was founded by Sun Yat-sen on Changzhou Island in Huangpu District, commonly known as the Whampoa Military Academy. The academy was destroyed by Japanese Army in 1938, and the main campus was rebuilt on the original site in 1996. Eastern Expedition Martyrs Mausoleum is located in Wansongling to the southwest of the academy, in memory of the 516 martyrs during the two Eastern Expeditions in 1925.

1924 年孙中山在中国共产党和苏联的帮助下，创办了中国国民党陆军军官学校，因校址设在广州市黄埔的长洲岛上，通称黄埔军校，革命期间为国共两党培养出许多优秀军事人才。在 1927 年蒋介石背叛革命以前，这是一所国共合作的革命军事学校，许多中国共产党人曾经先后在此任教、担任政治工作。

1938 年日军飞机轰炸长洲岛，黄埔军校校本部被夷为平地。1984 年黄埔军校旧址纪念馆成立。1996 年按照国家文物局批示的“原位置、原尺度、原面貌”的原则重建了校本部。

如今寻访重建的校舍，依然能感受到当年师生们磅礴的战斗激情。军校正门坐南向北，面临珠江，样式简朴却满怀浩然之气。两柱西式门坊中央上方横匾上白底黑字的“陆军军官学校”大而醒目，乃国民党元老谭延闿所书。1925 年 3 月，孙中山逝世后，在大门东西两侧刷上醒目的“革命尚未成功，同志仍须努力”的孙中山遗训。

抗日战争时期大门被炸毁，于 1965 年由中国人民解放军南海舰队重新修建。穿过大门进入庭院，迎面便是军校旧址的核心建筑——校本部，岭南祠堂式四合院建筑，宁静幽雅，自成一体。两层砖木结构，青砖素瓦，雕窗坡顶，三路四进，回廊相通。楼房举架甚高，廊道宽阔，骑着战马可以从楼下穿堂而过，故称“走马楼”。

在军校旧址西南面的万松岭上，是东征阵亡烈士墓，以纪念黄埔军校师生在 1925 年两次东征中光荣牺牲的 516 位烈士。

墓园依山而建，石砌墓道、凉亭、墓冢，与纪功坊成一轴线，南高北低，气势雄伟。1928 年建成的纪念坊矗立珠江边，坊上石额篆文“东征阵亡烈士纪念坊”为蒋介石题书，周围镌刻棕色陶瓷花边，棕色琉璃瓦顶，庄严美观。烈士墓墓后有城楼式纪功坊，全为花岗石砌成，坊内石壁上镶嵌有《国民革命军军官学校东征阵亡将士纪念碑》、《陆军中将刘君墓碑》和《国民革命军军官学校东征阵亡将士题名碑》，部分碑刻在“文化大革命”期间被砸毁，1984 年重建。

当年的黄埔军校师生，为了民族解放、祖国统一与富强，英勇顽强、功勋不朽，今天一批批前来接受爱国主义教育的学子、游人，重温那段让人心潮澎湃的传奇历史，百年军校，革命之火种长燃，黄埔精神不灭。

闹市中烙下中越革命情谊的这栋骑楼，大革命时期越南的青年骨干从这里学成归国

This arcade building in downtown laid a deep revolutionary friendship between China and Vietnam, where the core members of Vietnamese revolution studied during the Great Revolution War

大革命时期的广州，对越南共产党的成立有着深远影响。

<< 广东省文物保护单位

2008.11 第五批

越南青年政治训练班旧址、越南青年革命同志会旧址

Site of the Vietnam Youth Political Training Course & Site of the Youth Revolutionary Comrades Association of Vietnam

年代： 1925 年
地址： 广州市越秀区文明路

“大革命”时期，广州成为全国革命的中心，这个时期也吸引了许多越南革命者前来广州。

1924 年 12 月，胡志明从莫斯科来到广州，吸收了“心心社”和“光复会”等组织中的优秀青年，于 1925 年创建了越南青年革命同志会。这是越南首个以马克思列宁主义为指导的，有鲜明政治纲领、组织严密的革命组织，组织核心为越南共产党，胡志明为负责人，会址便设在当时文明路 13 号（今文明路 248、250 号）这栋骑楼里。

骑楼坐北朝南，高三层，由东西两幢砖木结构的楼房相连而成，东边三楼的两房一厅，客厅做会议室用，客厅后面第一间小房间，就是胡志明工作和居住的地方，房间面积不到 6 平方米，仅有一张单人床、一张书桌、一个藤书架和一部打字机。为了迅速培养越南革命骨干，胡志明于 1925 年秋在越南青年革命同志会会址开办了越南青年政治训练班，提出“推翻殖民主义、争取民族独立、组织工农兵政府、联合各国的无产阶级，建立共产主义社会”的政治纲领。除了胡志明亲自授课外，训练班还请来周恩来、刘少奇、李富春、陈延年、彭湃等同志和参加省港大罢工的工人同志讲课。1925 年 至 1927 年间，训练班共举办了 3 期，招收了 50 位学员，第 3 期时学员人数达到 30 人，因此改至东皋大道仁兴街开办。青训班的学员们毕业后，大部分被秘密派回越南从事革命活动，为越南革命做出了重大贡献，也有小部分留在了中国，有的还参加了广州起义和苏区的斗争。

1927 年，国民党发动“四·一二”反革命政变，越南青年革命同志会的总部由广州迁至香港。1971 年，周恩来总理陪同越南总理范文同在广州访问，还专程前来瞻仰了旧址。至今，这处曾经闪耀着中越两国革命情谊的历史见证地，仍为越南领导人和劳动党人士来穗的必经地之一。

Date: 1925
Address: Wenming Lu, Yuexiu District, Guangzhou

In order to train the core members of the Vietnamese revolution, Ho Chi Minh founded the Youth Revolutionary Comrades Association of Vietnam in 1925, which was located in the Qilou building at No. 13, Wenminglu. In the autumn of same year, Ho Chi Minh set up the Vietnam Youth Political Training Course at the meeting place. This site witnessed the history of revolutionary friendship between China and Vietnam.

图注

1. 红色的砖木小楼，对当年越南革命有着极为重要的影响
2~4. 当时胡志明带领着一群越南有志之士，在这里生活、学习，构建起越南第一个以马克思列宁主义为领导的革命组织

2

3

4

历时十六月、跨越省港、参与者廿余万众，书写了世界工人运动史上罕见的惊人成就

Lasting 16 months, spanning Guangzhou and Hong Kong, and involving more than 200,000 people, the Provincial and Hong Kong Strike wrote an astonishing achievement chapter rare in the history of the world labour movement

东园旧地，是省港二十万工人团结起来对抗帝国主义压迫斗争的指挥部。

<< 广东省文物保护单位

1978.07 第一批

省港罢工委员会旧址

Site of the Provincial and Hong Kong Strike Committee

年代： 1925 年

地址： 广州市越秀区东园横路

1925 年 5 月 30 日，上海学生及其他群众代表在南京路举行反帝游行，英租界巡捕向人群开枪射击，导致数十名学生和市民死伤，“五卅”惨案爆发。为支援上海，同年 6 月 19 日，广州和香港爆发了规模宏大的省港大罢工，两地罢工工人达 20 多万。7 月，中华全国总工会召开两地罢工工人代表大会，建立领导大罢工机构——省港罢工委员会，由苏兆征担任委员长，聘请廖仲恺、邓中夏、杨匏安等为顾问，东园成为省港大罢工的指挥部。始建于清末的东园，原为广东水师提督李准的花园别墅，占地 2.5 万平方米，被一条小溪分成前后两部分。前部的砖木结构门楼，上有李准手书“东园”二字。

门楼后有一荷花池，池东、西各有一座八角亭，东亭为工人纠察队总部，西亭为会审处。随着罢工斗争的不断发展，东亭的东面、北面搭起了 3 座能容纳数百人的大葵棚，专门收押犯人；西亭的北面也建有一座大葵棚，作为军法处、训育处、舰务处等部门的办公地。荷花池正面，砖木结构的西式二层洋房“红楼”即为东园主体建筑，首层用作纠察队礼堂，二楼为工人纠察队的模范队宿舍。

东园后部是一片 1000 多平方米的池塘，东西两侧各有一座双层木阁楼，东边是建设筑路委员会所在地，西边则是罢工委员会的训育亭，从池塘出发，向北而去，便能直达中华全国总工会会址。

1926 年 10 月，为适应新的革命形势，坚持了 16 个月的省港大罢工逐步结束，这在中国工人运动史上是空前的，在世界工人运动史上也是罕见的，对外给英国帝国主义在经济上以沉重的打击，对内巩固了民主革命的基础，促进了广东经济的发展和繁荣，推动了中国革命运动急剧地向前发展。1926 年 11 月 6 日，东园遭到帝国主义收买的反动分子焚毁，仅剩门楼及红楼前的一棵大树。

Date:1925
Address: Dongyuan Henglu, Yuexiu District, Guangzhou

Site of the Provincial and Hong Kong Strike Committee was originally the garden villa of Li Zhun, governor of the Guangdong Marine Division. It was built in the late Qing Dynasty as a small western-style two-story red building. When the Canton–Hong Kong strike broke out in 1925, it was used by the All China Federation of Trade Unions, as the headquarter of the strike.

图注

1. 曾是清朝私人园林的东园，在广州省港罢工运动中成为指挥部
2. 在原废址上重建的红楼，作为省港大罢工纪念馆向大众开放

第一次国共合作的岁月见证，花园别墅区里的八十万农会会员大本营

The witness of the first KMT-CPC cooperation the stronghold of eight hundred thousand members of Guangdong Farmers Association in the garden villa

从国共合作牵手之初至最后破裂，这座淡雅小洋房见证着风起云涌的广东农民运动从第一次国共作时期的高潮到低谷。

<< 全国重点文物保护单位

2019.10 第八批

广东省农民协会旧址

Site of Guangdong Farmers Association

年代： 1925 — 1927 年

地址： 广州市越秀区东皋大道礼兴街

Date: 1925 — 1927

Address: Lixing Jie, Donggao Dadao, Yuexiu District,Guangzhou

广东省农民协会是第一次国共合作的产物，从成立到改组仅仅存在约两年时间，却几乎贯穿了第一次国共合作的整个过程——从 1925 至 1927 年，全省 80 万农会会员在协会的领导下储备力量，广东各地农民运动风起云涌，这座楼房便是当时农民运动的大本营。

楼房原为广州商团副团长陈恭受的花园别墅，坐东朝西。前楼为两层高的“凸”字形建筑，左右两侧有楼梯通往二楼，二层带走廊式阳台。后楼高三层，与前楼相通，当中围着小天井。

1924 年 10 月，革命政府镇压了商团叛乱，楼房被没收充公。

1925 年 1 月，农民运动讲习所由越秀南路惠州会馆（现越秀南路 89 号）迁入此处，续办第三至第五届。同年 5 月 1 日，广东省第一次农民代表大会在广州召开，广东省农民协会成立，并以此处作为会址。在中共广东区委的领导下，省农会组织广东全省农民参加了支持广东革命政府的众多政治斗争和军事斗争。当年，楼房正门上悬挂着“广东省农民协会”的大字横匾，十分醒目，门前还设有两个木岗亭，由农讲所学员持枪守卫。前楼首层的大厅变身为可容纳两三百人的礼堂兼农民运动讲习所大课堂，讲台后的墙上高挂马克思、恩格斯、列宁的画像，台下一排排长椅摆放整齐。中共广东区委每周在礼堂举办报告会，由陈延年、周恩来、恽代英、张太雷、彭湃等人作形势报告和军事运动、农民运动报告。而相连的前后楼二层，用作办公室和会议室，阮啸仙、彭湃、周其鉴等人经常在这里办公，指导各地农民运动的开展。1925 年 10 月，毛泽东在第五届农讲所任教时，也曾在二楼东面的小房间办公、住宿，房间里陈设简朴，仅有一张普通的办公台、几张椅子和一张木板床。

2019 年 10 月，广东省农民协会旧址被公布为全国重点文物保护单位。百年过去，除了楼前的花园成了宽敞的广场、前楼的楼梯稍被改动之外，旧址基本保持原貌，木楼板与铁窗花，皆是保持风采如昔。

Site of Guangdong Farmers Association was originally the garden villa of Chen Gongshou, deputy head of the Guangzhou Merchant Association. The villa was confiscated by the revolutionary government in 1924. In 1925, the first peasants' congress of Guangdong Province was held here. Guangdong Peasants Association was established in the meantime, thus this site became the stronghold of the peasant movement.

图注

1. 雕塑还原了当年园中农民运动研讨、办公的场景
2. 二楼曾是阮啸仙、彭湃、周其鉴等人的办公场所
3. 这座房原本是广州商团副团长陈恭受的花园别墅，在镇压商团叛乱后，房屋充公，原在越秀南路的农民运动讲习所便搬迁到此，在此成立了广东省农民协会

广州农民运动讲习所旧址

The Site of the Guangzhou National Peasant Movement Institution

图注

1. 番禺学宫，灰塑正脊亦是陶塑名号文如壁所制
2. 红墙黄瓦的农讲所，保持着官样建筑的秩序感
3. 农讲所作为纪念馆，继承育人的使命
4. 绿树与红楼一起勾勒诗意

自明起五百年来选拔文人儒子之圣地，大革命时期培育农民运动骨干之摇篮

A shrine for selecting literati with 500 years of history from Ming Dynasty, a cradle of key members of peasant movement during the Great Revolutionr

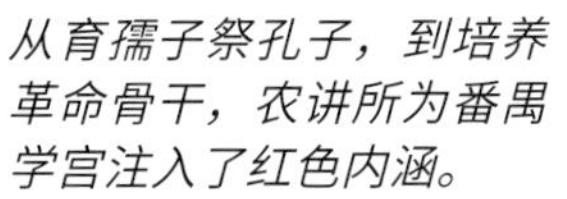

从育孺子祭孔子，到培养革命骨干，农讲所为番禺学宫注入了红色内涵。

<< 全国重点文物保护单位

1961.03 第一批

广州农民运动讲习所旧址

The Site of the Guangzhou National Peasant Movement Institution

年代： 1926 年
地址： 广州市越秀区中山四路

古朴庄重的红墙之内，巨大的木棉树欲比天高，这里是明清时期广东三大学宫之一的番禺学宫，坐北朝南，阔三路，深五进，作为培养儒生秀才和祭祀孔子之地，自明洪武三年（1370）始建起，延续了500多年。

1924年第一次国共合作正式形成，由共产党人倡议，中国国民党中央执行委员会议决定创办“中国国民党农民运动讲习所”，即农讲所，培养农民运动干部。农讲所从1924年7月至1925年底办了五届，1926年5月，由于国民政府须要储备力量准备北伐，第六届农讲所扩大招生，迎来了全国近20个省的327名学生，在历届农讲所中规模最大，这一届农讲所迁至番禺学宫所在地，由毛泽东担任第六届所长。

由南往北，花岗岩雕琢的棂星门，为六柱三间冲天式牌坊，雕有云龙纹饰，柱前后置抱鼓石，步入后，前院便是一汪月牙形的泮池，泮池上的石拱桥笔直通往庄重的大成门。农讲所时期，大成门左右两侧分别为教育部、值星室、庶务部，东耳房为所长毛泽东的办公室兼卧室，西耳房做图书室，前院两庑、后院两廊被改造为学员宿舍，而供奉孔子的主殿——大成殿作为课堂，位于最后一进的崇圣殿正间为膳堂，东间为军事训练部。在第六届农讲所办学的4个多月时间里，这里完全执行军事化管理。每天清晨军号一响，学员们迅速起床，学习各类革命理论课程，学习射击、刺杀和各种战术。

学员进课堂、食堂都要整队，轮流站岗放哨。这些学员后来成长为农民运动的骨干，在南昌起义、秋收起义、广州起义等运动中，都有农讲所师生的身影。如今，所长办公室、教务部、庶务部、军事训练部、课堂、学生宿舍等，都已按原貌还原。

旧址纪念馆于1953年建立，周恩来同志题写了“毛泽东同志主办农民运动讲习所旧址”牌匾，旧址复原陈列展览常年开放，昔日的桌椅摆设与珍贵的史料照片，合力再现了近百年前农民运动的光辉历程。细读学员所写的回忆文字，昔日情景逐格浮现：松树苍翠、泮池澄澈，学员们在此接受毛泽东革命思想教育，一大批骨干力量在这里学有所成，投身到如火如荼的革命事业当中。

Date: 1926
Address: Zhongshan 4 Lu, Yuexiu District, Guangzhou

Site of the National Peasant Movement Institution was originally the Panyu Academy, one of the three academies in Guangdong during the Ming and Qing Dynasties. In 1926, the Chinese Nationalist Peasant Movement Seminar moved to this site. It became a school for training cadres of the peasant movement during the First United Front.

图注

1. 作为广东三大学宫之一的番禺学宫，建筑整体构造端庄，屋脊上有大量精美的灰塑、砖雕
2~4. 学宫原有的木构、石刻皆被很好地留存下来，一同见证此地作为农民运动讲习所的历史

2

3

4

骑楼街上的中共首个地方军事机构，为开创美好新世界培养了大批骨干

The first local military commission of the Communist Party of China standing in arcade-building street, cultivated large numbers of key members for a better new world

“万福路上的这栋普通骑楼，
曾留下伟人深深的足迹。”

<< 广东省文物保护单位

1979.12 第二批

周恩来同志主持的中共两广区委军委旧址

The Former Site of the CPC Guangdong Region Committee Military Commission Directed by Comrade Zhou Enlai

年代： 1926 — 1927 年
地址： 广州市越秀区万福路

1924年秋，中共广州地委改组，扩大为中共广东区委，除了领导广东、广西两省，还领导福建省西部、南部及香港地区的党组织，此后管辖范围更扩展到云南、南洋等地区，成为当时管辖面积最大、党员人数最多的中共地方组织。1924年冬，中共广东区委成立军事运动委员会（又称军事部），简称中共两广区委军委。

1924年10月，周恩来抵达广州，担任区委委员长兼军委书记，领导工农武装斗争。

中共两广区委军委是中国共产党的第一个地方军事机构，是中国共产党军事活动的重要节点。而周恩来在任职期间，培养了一批中共军事干部，派遣了大量共产党员到军校和军队工作，为后续的北伐战争储备了力量。

1926年3月，轰动一时的“中山舰事件”发生。5月，这栋位于万福路190号的骑楼的二楼被租下，成为中共两广区委军委的办公新址，周恩来邓颖超夫妇与部分军委成员居住于此。

这是一座混凝土结构的骑楼型建筑，原为南华置业股份有限公司的产业，始建于1922年，次年竣工，一楼开设有银行。楼房坐北朝南，分前后两座。前座高4层，面阔10.28米，进深14米，入口为拱券式大门，有天台、山花、女儿墙。后座高3层，有天台。两楼之间是一个天井，每层都有铁栏杆围护。

从楼房西侧的楼梯直上二楼，通过一扇铁闸门，摆放着长桌的大厅便是军委会议室。大厅北侧有几张办公台、一部手摇电话机，聂荣臻、黄锦辉等人就在这里办公。大厅南侧靠窗的一套西式沙发、几张靠背酸枝椅和茶几，组成了军委的会客厅，周恩来经常与邓颖超一起在这里会客。大厅西侧一间狭长的房子，是周恩来邓颖超夫妇办公居住的地方，而东侧的两间小房，为聂荣臻、朱楷、麻植、黄锦辉的宿舍。1926年秋，周恩来参加北伐，军委转由黄锦辉负责，办公地址不变。直到1927年“四·一五”反革命政变前夕，军委被迫撤离此处，转入地下秘密办公。

百年间，这栋楼房曾被用作民居、医院，今天，当年中共两广区委军委的办公场景依原样恢复。推开骑楼一层保存完好的厚重大门，和暖阳光洒在窗边的沙发、书桌上，周恩来等军委成员在此生活办公的身影似又浮现。

Date: 1926 — 1927
Address: Wanfu Lu, Yuexiu District, Guangzhou

The Former Site of the CPC Guangdong Region Committee Military Commission Directed by Comrade Zhou Enlai, which was originally the South China Bank, is a concrete-structured arcade-style building. Its second floor leased for use by the CPC Military Committee of the Guangdong District. During 1926 and 1927, Zhou Enlai and Deng Yingchao lived here and directed the work of the Military Committee of the Guangdong District.

图注

1. 周恩来总理居住的中共两广区委军委旧址外立面
2~3. 修复后的军委旧址，端庄的大门、素雅的花砖仍是当年原件

“被誉为“东方巴黎公社”的广州公社，
书写了中国革命史上光辉的一页。”

民族解放运动的一座丰碑——广州起义，在此建立了中国第一个城市苏维埃政权

Guangzhou Uprising — a monument of the national liberation movement — established the first urban Soviet regime in China here

<< 全国重点文物保护单位

1961.03 第一批

广州公社旧址

The Site of Guangzhou Commune

年代： 1927 年
地址： 广州市越秀区起义路

Date: 1927
Address: Qiyi Lu, Yuexiu District, Guangzhou

Guangzhou Commune was the first urban soviet regime established by the Communist Party of China, modeled on the Paris Commune. The commune was known as the "Oriental Paris Commune".

图注

1~3. 这是中国共产党仿照巴黎公社建立的第一个城市苏维埃政府，为华美精巧的西式建筑
4. 广州公社大门
5. 原工农红军指挥部

1924 年第一次国共合作实现后，国民革命运动迅猛发展，然而到了 1927 年，蒋介石和汪精卫相继发动反革命政变，国共合作破裂。面对急剧变化的形势，中共广东党组织及时采取措施，广东各地工农武装纷纷举行起义。

1927 年 12 月 11 日凌晨，广州起义爆发。在张太雷、叶挺、叶剑英、聂荣臻等人的带领下，农民和革命士兵组成的起义部队数千人，首次打出“工农红军”的旗号，占领国民政府广东省立公安局，宣告成立广州苏维埃政府——这是中国共产党仿照巴黎公社建立的第一个城市苏维埃政权，被誉为“东方的巴黎公社”，后人称其为“广州公社”。

广州公社旧址现存大门门楼，南、中、北三座办公楼和拘留所，皆为混合结构建筑。骑楼式大门正对着的，便是原广州苏维埃政府和工人赤卫队办公楼，办公楼坐东朝西，高两层，平面呈“凹”字形，一层为起义总指挥张太雷办公室、苏维埃政府会议室及临时救护处，二层是大会议室及苏维埃政府委员和工人赤卫队负责人的办公室。

办公楼北面，有一栋坐北朝南的两层楼房，是原工农红军指挥部所在地。办公楼的西南侧为一栋坐南朝北的三层楼房，是原警卫连部和军械杂物仓库。办公楼东北角原有一栋两层楼房，起义后成为监禁反动分子的拘留所。

经过 3 天浴血奋战，广州起义终因敌我力量悬殊而失败，广州公社也仅存在了 3 天，但广州起义与广州公社仍是东方民族解放运动中的一座丰碑，在中国共产党和人民军队的发展史上占有重要地位。中华人民共和国成立后，广州公社旧址部分按旧貌复原，北楼被辟为广州起义纪念馆，透过珍贵的历史文物和图片，我们能深深地感受到英烈们在探索革命新方向、构筑美好新世界的道路上，所倾注的拳拳赤子心、所表露的大无畏精神。

中山纪念堂
Sun Yat-sen Memorial Hall

中山纪念堂的整个大厅，内无一桩，开创近代中国观演集会建筑之最，
而以西方之技还东方之神的巧思妙想，同样使这栋近百岁的建筑美得伟大。

图注

蓝瓦红柱、散发永恒之美的纪念堂，以其伟大纪念先生之伟大

“百年过去，中山纪念堂仍旧 **优雅瑰丽**，镜头拉远，
在传统城市中轴线上，恢宏华美的中山纪念散着对称、均衡之美。”

借西方之技铸东方之魂，筑伟大建筑作永远纪念

Take advantage of Western technology to cast the soul of the East and construct a great building as an eternal memorial

<< 全国重点文物保护单位

2001.06 第五批

中山纪念堂

Sun Yat-sen Memorial Hall

年代： 1931 年
地址： 广州市越秀区东风中路

Date: 1931
Address: Dongfeng Zhonglu, Yuexiu District, Guangzhou

When Sun Yat-sen died in 1925, the Second National Congress of the KMT decided to build the Sun Yat-sen Memorial Hall in memory of his revolutionary achievements. Sun Yat-sen Memorial Hall is a magnificent octagonal palace-style building.

越秀山南麓，一座宝蓝色的宫殿矗立在深深的绿意里，层层飞檐与红棉、白兰相映。在清代，这里先后是抚标箭道、督练公所的所在，民国初年改为广东督军署、广州军政府，1921 年孙中山就任中华民国非常大总统，将总统府设于此，1922 年因陈炯明发动广州兵变，总统府不幸被毁。1925 年孙中山逝世后，为纪念他的革命功勋，1926 年国民党第二次全国代表大会决议在此地“以伟大之建筑，作永久之纪念”，兴建中山纪念堂。

中山纪念堂于 1928 年 4 月动工，1929 年 1 月奠基，1931 年 10 月落成，总占地约 6.1 万平方米，依照传统的中轴对称手法，由南向北坐落着门楼、孙中山铜像、纪念堂。

作为主体的纪念堂由建筑师吕彦直设计，这座富丽堂皇的宫殿式建筑，在外观上极富中国传统特色：东西南北四面的重檐歇山抱厦，拱托起中央高耸的八角攒尖巨顶；红柱黄墙支撑着彩绘廊架和图案华美的天花板，更与宝蓝色琉璃瓦相得益彰。

纪念堂正面高悬着孙中山先生手写的“天下为公”金字匾，闪耀如昨。纪念堂极具东方神髓的雕梁画栋，实际上是钢筋混凝土和钢梁架结构，8 根隐藏于墙内的混凝土巨柱，支撑起巨大的钢桁架，使得纪念堂内部的西式穹隆顶空间跨度超 40 米而无一柱遮挡，视线开阔，气势恢宏。纪念堂内部金碧辉煌，舞台后墙中间还镶嵌着孙中山浮雕头像和刻有《总理遗嘱》的汉白玉碑。

中山纪念堂开创了中西建筑技术与审美巧妙融于一体的新起点，为广州城构筑起新的城市空间地标，同时中山纪念堂成为广州传统城市中轴线上的重要节点。

经历数次维修和改造，如今的中山纪念堂“身兼四职”，集纪念、旅游、集会和演出为一体，既是缅怀孙中山先生的纪念地，也是重大会议、活动的召开地；既是爱国主义教育地、红色旅游景点，也是群众文化活动的承载地。近百年过去，每天纪念堂人流如鲫，以这种走近、亲近的方式，对先生的纪念得以延续。

图注

1. 建筑内部无一根柱子遮挡视线的中山纪念堂，大气磅礴
2. 纪念堂前车流穿行，中山纪念堂是广州历史城区重要地标
3. 春日，纪念堂前的 300 多岁的红棉王花开似火

十九路军碧血丹心名扬天下，广东子弟杀寇破万魂归故里

The 19th Route Army gained world reputation for their righteous blood and loyal heart, soldiers from Guangdong struck down thousands of invaders and rested in peace in their homeland

昨日战友铁血干城保家卫国，今日同袍黄土长眠浩气永存。

<< 广东省文物保护单位

2002.07 第四批

十九路军淞沪抗日将士坟园

Cemetery for Officers and Soldiers of 19th Route Army Who Died in Songhu Anti-Japanese Campaign

年代： 1933 年

地址： 广州市天河区水荫路

1932年1月28日凌晨，日本海军陆战队突然袭击了驻守上海闸北的国民革命军第十九路军，第十九路军在总指挥蒋光鼐、军长蔡廷锴等领导下奋起抵抗，激战33天，毙伤日军万余人，是为“一·二八”淞沪抗战，大大鼓舞了全国军民抵抗日本侵略者的信心，成为十四年抗战的重要起点之一。

十九路军的前身可溯至粤军第一师第四团，是一支“广东子弟军”，总指挥蒋光鼐、副总指挥兼军长蔡廷锴也是广东人。为了纪念在淞沪抗战中英勇牺牲的烈士，表彰十九路军将士抗击日本侵略者的英勇壮举，1932年底，在原十九路军前身、国民革命军第十一军的公墓所在地，十九路军淞沪抗日将士坟园落成了。

坟园由华侨捐资修建，设计出自著名建筑师杨锡宗之手。由于战争及其他历史方面的原因，坟园经历了数次破坏、数次重建。

1991年起更是进行了长达10年的整治和修复，逐步形成如今的规模：坟园占地约6万平方米，一条南北走向、300余米长的中轴线墓道串联起坟园的主要建筑。

墓道最北端即为坟园的主体建筑——弧形柱廊与先烈纪念碑，由24根石柱环绕而成的柱廊，拱卫着19.2米高的纪念碑，纪念碑由古罗马式纪功柱与一个肩扛步枪、背系竹帽的十九路军战士铜像组成，基座呈太阳状，正好与弧形柱廊月亮般的形状相呼应，象征抗日将士与日月同辉。墓道中心是高7.7米的将士题名碑，十九陆军共计1983位阵亡将士的英名一一在列。墓道西侧，190多座战士墓整齐排列在圆弧形墓区内，而蒋光鼐、蔡廷锴、戴戟三位领导淞沪抗战的主将，也迁葬于墓道东侧的将军墓，与他们的部属共长眠。

出坟园北门百余米，还可见到一座花岗岩砌筑的凯旋门矗立在马路中央，形成一个环岛。

这座曾经的坟园大门，正面门额为林森题写的“十九路军淞沪抗日阵亡将士坟园”，背面门额为宋子文题写的“碧血丹心”，一笔一画，皆鲜艳如新，正如将士之精神，永垂不朽。

Date: 1933
Address: Shuiyin Lu, Tianhe District, Guangzhou

In 1932, Japanese marines raided the 19th Route Army. The 19th Route Army rose up bravely to resist and won the victory. To commemorate the martyrs sacrificed in this battle, Cemetery for Officers and Soldiers of 19th Route Army was constructed.

图注

1. 凯旋门式牌楼门额上宋子文所题的“碧血丹心”
2. 坟园东大门
3. 坟园的主体建筑——弧形柱廊和先烈纪念碑

为国捐躯的万千中国远征军英烈，马革裹尸魂归马头

Thousands of Chinese expeditionary soldiers fought in India and Burma for motherland, sacrificed their lives on the battlefield and were buried in Matougang

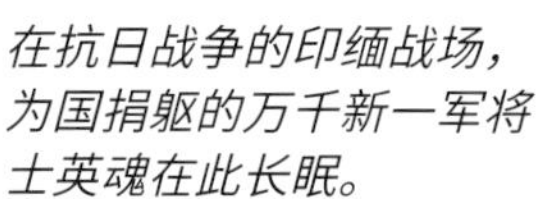

在抗日战争的印缅战场，为国捐躯的万千新一军将士英魂在此长眠。

<< 广东省文物保护单位

2015.12 第八批

新一军印缅阵亡将士公墓

Cemetery of the New First Army's Indo-Burmese Soldiers

年代： 1947 年

地址： 广州市天河区濂泉路

新一军在抗战时期远征印缅，为抗日战争的胜利做出了不可磨灭的贡献，有“蓝鹰部队”“天下第一军”之美誉。1945 年 8 月 15 日，侵华日军宣告投降。9 月，新一军进入广州市区接受日军投降。为纪念抗战期间新一军赴印缅抗击日本侵略军为国捐躯的 2.7 万多名将士，时任新一军军长的孙立人亲自选址，在广州白云山南麓的马头岗修建广州新一军印缅阵亡将士公墓，将从印缅战场上找回来的 1.7 万烈士遗骸埋葬于此。新一军印缅阵亡将士公墓由建筑师过元熙设计，1945 年 10 月 5 日始建，1947 年 9 月 7 日落成。公墓依山而建，坐北朝南，原占地约 7 万平方米，主要由墓门牌坊、纪功亭、纪念塔三部分组成。公墓墓园设有一条南北向、宽约 30 米的中轴线墓道统领全局，墓道最南端为墓门牌坊，沿墓道往北依次有带河桥、金水桥，墓道中部建有纪功亭和两个人工开挖的水塘，墓道最北端为墓冢，其上立有纪念塔。整个墓园以白云山马头岗为背景，纪念塔原立于旷野，恢宏开阔，庄严肃穆。

墓门牌坊面阔五开间，简朴庄重。牌坊中间是两根高直的方柱，正面刻有孙立人所题的“陆军新编第一军印缅阵亡将士公墓”，内侧下段原各雕刻有新一军战士浮雕。纪念塔为公墓的最主要建筑，立于墓冢之上，为四根钢筋混凝土材料的塔柱。四根塔柱造型简洁沉稳，高耸挺拔，分别代表了新一军“义、勇、忠、诚”的四字军训，其直指云天的气势寓意顶天立地。纪念塔正面两塔柱之间镶嵌有一块青石墓碑，碑上刻有孙立人撰文的“陆军新编第一军印缅阵亡将士纪念塔”16 字。

纪功亭为八角攒尖顶、上盖黄色琉璃瓦，为安装蒋介石的题词“勋留炎徼”和孙立人所撰写的《陆军新编第一军印缅阵亡将士墓记》而增建，亭子的背面，是军长孙立人题的“浩气长存”匾额。

长久以来公墓遭受到了严重破坏，墓门牌坊立柱被毁，纪念塔难觅芳踪、铜鹰及战士铜像均已丢失，墓园也被道路与高架桥分割，昔日格局已散落，唯留深深叹息于岁月中。

Date: 1947
Address: Lianquan Lu, Tianhe District, Guangzhou

Cemetery of the New first Army's Indo-Burmese Soldiers, built in 1947, commemorates more than 27,000 soldiers who died for their country, during the war against the Japanese invasion forces in India and Burma.

图注

1. 公墓墓门牌坊，孙立人所题字迹依稀可见
2. 隐没在菜场烟火的纪功亭

广州起义烈士陵园
Guangzhou Uprising Martyrs Cemetery

为纪念 1927 年广州起义中英勇牺牲的英烈们而兴建的这座墓园里，
封土上，“野火烧不尽，春风吹又生”的芳草青葱，
那些抛洒热血而换取美好新世界的英烈，在此长眠。

图注

1. 一只只石狮护卫烈士英魂
2. 直插云天的广州起义烈士纪念碑，象征着“枪杆子里面出政权”

“ 每天太阳从此升起，喷薄而出

的旭日和长眠于此的新世界的缔造者们一起守望这片热土。”

五千英魂以血荐轩辕，星星之火燃出新世界

Five thousand heroes dedicated their lifeblood to China, and sparks of fire burned out a new world

<< 广东省文物保护单位

1978.07 第一批

广州起义烈士陵园

Guangzhou Uprising Martyrs Cemetery

年代：1927 年（建于 1957 年）
地址：广州市越秀区中山二路

Date: 1927 (built in 1957)
Address: Zhongshan 2 Lu, Yuexiu District, Guangzhou

In 1954, the People's Governments of Guangdong Province and Guangzhou City decided to build the Guangzhou Uprising Martyrs Cemetery in Honghuagang, in memory of the martyrs in the Guangzhou Uprising of 1927. The tomb of Guangzhou Commune in the cemetery is one of the famous eight scenic spots of Guangzhou.

图注

1. 埋葬烈士忠骨的圆丘形坟墓
2. 血祭轩辕亭
3. 中苏人民血谊亭
4. 中朝人民血谊亭

1927 年 12 月 11 日凌晨，中共广东省委书记张太雷与叶挺、恽代英、叶剑英、苏兆征、聂荣臻、徐向前等同志领导发动广州起义。起义队伍迅速在原广州市公安局所在地建立了中国第一个城市苏维埃政府——广州苏维埃政府，被誉为“东方巴黎公社”，然而历经三天奋战，由于敌我力量悬殊，起义不幸失败，5700 多名共产党人和革命群众惨遭杀害。

1954 年广东省和广州市人民政府决定，在当年烈士们牺牲的红花岗修建广州起义烈士陵园。在 1957 年 12 月 11 日广州起义 30 周年之际，陵园隆重揭幕，次年 5 月 1 日起正式对外开放。广州起义烈士陵园总面积 18.12 万平方米，由西部的陵区、东部的园区组成。

陵区为纪念瞻仰区，从正门门楼进入，沿开阔的陵墓大道直行，尽头便是广州起义纪念碑。纪念碑由著名雕塑家尹积昌设计，一只有力的手高擎步枪，冲破三块巨石直指云天，象征着广州起义冲破了“三座大山”的压迫，彰显“枪杆子里面出政权”的真理。纪念碑东侧，为广州公社烈士墓。圆丘形陵墓之上芳草萋萋，40 只石狮守护烈士英魂。陵区内，还有四烈士墓、“刑场上的婚礼”纪念广场、叶剑英同志纪念碑、广州革命历史博物馆等建筑，周恩来、朱德、董必武、邓小平、叶剑英等老一辈无产阶级革命家的亲笔题词，更为陵园添上厚重一笔。

园区为休憩游览区，是一座山水相映的岭南园林。园中的湖泊碧波荡漾，湖心是一座纪念“刑场上的婚礼”中的革命伴侣周文雍、陈铁军烈士的血祭轩辕亭。再由血祭轩辕亭往东去，绿树掩映之间，中朝人民血谊亭与中苏人民血谊亭相对而立，那些来自苏联、朝鲜，而在广州起义中为中国人民的解放事业贡献生命的国际战友们，同样将被中国人民永远铭记。

第六章

融汇之境

Region of Fusion

从未中断的东西对话、南北交融之城，
各种信仰、各类文化、各色人等，
都在此找到扎根的沃土。

融汇之境 Region of Fusion

{ 多种信仰各自相安，多个民族彼此交融。}

{ 这个在宋代入仕、又在元代**屡建功业**的蒙古人，在广州有着很高的声望，墓葬所在的山冈，亦被称为云家山。}

广东地区唯一现存的元代御赐墓葬，亦反映出历史长河中多民族融合的大趋势

This is the only preserved imperial tomb of the Yuan Dynasty in Guangdong Province, reflecting the general trend of multi-ethnic integration in the long history

<< 广东省重点文物保护单位

2008.11 第五批

云从龙墓

Tomb of Yun Conglong

年代：元
地址：广州市天河区沙河街道五仙桥云家山

Date: Yuan Dynasty
Address: Yunjia Hill, Wuxian Bridge, Shahe Block, Tianhe District, Guangzhou

Tomb of Yun Conglong is located at the southern part of Baiyun Hill, also known as Yunjiashan. Yun Conglong, the great ancestor of the Yun family, was buried here. This is the only preserved ancient tomb bestowed by the emperor of the Yuan Dynasty in Guangdong.

图注

1~2. 藏碑亭中历代地方政府保护墓园的布告碑
3. 从空中鸟瞰，依稀可见云从龙墓当年的规模之大

在白云山南端五仙桥附近，有一座名为“云家山”的小山坡，山坡上，民居环绕之中的一方墓园里，躺着一位元代一品儒将——云从龙。

云从龙，字无心，号维山，蒙古族人，祖籍陇西（今甘肃陇西县），南宋景定三年（1262）登进士。据记载，云从龙曾先后 4 次在广东为官，元至元十六年（1279）任广东琼州安抚使，处理海南黎族之事；至元十七年（1280）任广东海北海南道宣慰使，推行科举，教化庶民；至元二十三年（1286）任广东道提刑按察使，提点诸狱，平反冤假错案。

云从龙宽刑重典、仁慈为怀，深受军民拥护。在元贞元年（1295），云从龙被任命为征南大将军，率兵进入广西及越南北部一带征战交趾，次年功成回京。1296 年农历二月初七，云从龙病逝于京城，因政绩显著、征南有功，得皇帝亲赐，御葬于白云山后峰梅林，即现在的沙河镇五仙桥马岭，这片山冈便被后人称为“云家山”。

云从龙墓是目前广东地区唯一存世的元代皇帝御旨赐葬古墓，坐西北朝东南，原墓园十分宽广，有墓道、石人、石马、荷池，现已不存。历经多次重修后，现墓园四周有围墙保护，牌坊式大门上书红字“云公从龙墓园”，门外的左右两侧也各立一座牌坊，如今已融入周遭的商铺民居中，坊额正面为清代状元夏同龢题写的“元参知政事云公墓道”，背面引用顺德县旧志与南海县志中的记载，记刻着云从龙的生平事迹。穿过大门，登上石阶，云从龙与夫人许氏的合葬墓便出现在眼前。这座合葬墓为 1985 年重修的圈椅形墓，宽 16.3 米，深 11 米，正中镶嵌 1690 年重修时所立的墓碑。在墓园东南角，还保留着一座建于民国初年的藏碑亭，亭内有历代广东省地方官府保护墓园的布告碑共 5 方。

2019 年，云从龙墓再次进行修缮，人们在墓园东侧的正门台阶下发现“云家山”灰批字字碑，字碑建于民国十年（1921），证明在 100 年前甚至更早，“云家山”便已在人们口中传扬。

传说里的五羊已化身为石，五仙也无处可寻，
而多次重修与迁建的五仙观，依旧承载着**守护广州城**的誓愿。

图注

1~2. 五仙观既有明代官式建筑的隽永端秀，也有南北交融的地方特色

3~6. 相传五位骑羊仙人就是在五仙观赠广州人良稻，并发愿此城永无饥荒；羊城之所以为羊城，五仙观是官方认证的源起之地

历代官方认证之灵境，羊城广州得名之洞天

The miracle palace certificated by authority, and the blessed spot where the "Five Goats City" — an alternative name of Guangzhou came from

<< 全国重点文物保护单位

2013.03 第七批

五仙观

Temple of the Five Immortals

年代：明 — 清
地址：广州市越秀区惠福西路

Date: Ming Dynasty — Qing Dynasty
Address: Huifu Xilu, Yuexiu District, Guangzhou

To appreciate five immortals for their present—grains, people of Guangzhou built the Temple of the Five Immortals at the place where the immortals descended. It is a Ming Dynasty official-style building with local characteristics. The Temple of the Five Immortals and the No.1 City Gate Tower of Lingnan together form the north-south axis of the old city of Guangzhou.

传说驮仙人而来的五羊在此化身为石，赠广州人良稻与黍稷的仙人早已飘然离开，留下这座永无饥荒之城，名曰羊城。

相传周朝，有五仙人着五色衣、骑五色仙羊降临广州，为当地人民带来一茎六出的优良稻穗，并祝愿此地永无饥荒。此后仙人腾空而去，仙羊则化为石，守护这片土地，这也是广州又被称作羊城的出处。

于是在传说五羊仙人降临之地，人们修建了五仙观用于拜祭，并称其为“灵境”，历代朝廷官员都会前往参拜，对五仙观的建设与维护不敢怠慢。五仙观屡经重修与迁建，宋朝时位居十贤坊，南宋后期迁至古西湖畔，明洪武十年（1377）迁至广州古城西部的坡山脚下，与岭南第一楼相伴至今。

五仙观仅存头门、后殿和东西斋的部分建筑，并保留着宋至清的碑刻十数方及石麒麟一对。头门古朴雅致，石匾上刻有清同治辛未大学士、两广总督瑞麟所书的“五仙古观”四字。五仙观后殿是典型的明代殿堂建筑，绿琉璃瓦重檐歇山式屋顶，立面造型比例适度，斗拱线条简练，装饰古朴。后殿的木构架保存完好，既保留了明代早期官式建筑的隽永端秀，又有南北交融的特色。后殿东侧有“仙人拇迹池”，池内的泉水清澈可鉴，数百年来不曾干枯。而池底是一块原生红砂岩石，岩石表面的巨大凹穴，传说是五仙降临时留下的脚印，实为古时珠江水长期冲蚀的天然结果，这是两千年广州古海岸线的有力证据，与晋代“坡山古渡”遗迹之说不谋而合。

五仙观延续近千年，关于五羊仙人赠稻穗的神话，也依旧被广州人传诵。五位仙人“少者居中持粳稻，老者居左右持黍稷”，道出了南粤先民南移建造家园的过程，当中颠沛流离与探索竞争的历史基因，也铸造了广州人勇于探索、敢为人先的性格。

昔日据山倚江的禁钟楼，曾是五岭之南第一高

The forbidden bell tower, which was based on the mountain leaning on the river in the past, was once the highest building in Lingnan

明朝时广州人巧借天然地利，据山倚江，造就气度恢宏的岭南第一高楼。

<< 全国重点文物保护单位
2013.03 第七批

岭南第一楼

The No.1 City Gate Tower of Lingnan

年代：明—清
地址：广州市越秀区惠福西路

据乾隆年间《广州府志》记载："坡山在归德门内西街，上有楼曰'岭南第一'，洪武七年，行省参政汪广洋建，铸禁钟悬于其上。"可见这座建于明洪武七年（1374）的岭南第一楼，历史比广州镇海楼还要早了几年。

岭南第一楼为坐北朝南的城楼式建筑，由高大的红砂石台基与其上的木构方亭组成，台基的拱券门洞前后贯通，方亭为清乾隆五十三年（1788）遗构，梁柱粗朴，采用重檐歇山顶，正脊饰鳌鱼宝珠。方亭正中悬挂有一口明代青铜大钟，作为遭遇火警等非常事故时召救之用，无事禁止撞击，因此得名"禁钟"。大钟钟底由方形竖井与门洞相通，门洞如同一个巨大的共鸣器，令钟声更为洪亮悠扬，"扣之声闻十里"。

除了示警之用，岭南第一楼之于羊城还有另一重特殊意义：钟楼高约 11 米，加上台基与原有的山体高度，使之成为广州古城的制高点之一。

第一楼落成后，五仙观迁建于坡山南面的下坡段，构成一条南北向轴线。两座建筑皆因城中宝贵的高地，形成一道独特的城市轮廓线，成为广州古城空间格局的一组重要标志性建筑群。

旧时登楼望远，由五仙观前的牌坊而入，先穿仪门、过庭院、进大殿，再爬上山坡与台阶，登上岭南第一楼的方亭，眼前，便是一片豁然开朗的广州古城全貌，南向是珠江，北望是通衢与华宇。

1989 年 6 月，五仙观及岭南第一楼被公布为广东省文物保护单位。斗转星移，珠江河道的泥沙逐年沉积，江岸连年南移，坡山与海岸线越来越远，至今已距珠江江岸千余米，坡山山冈已被闹市高楼包围，岭南第一楼虽不复再是羊城制高点，其巍峨庄重之气度，数百年来一如故往。

Date: Ming Dynasty - Qing Dynasty
Address: Huifu Xilu, Yuexiu District, Guangzhou

The No.1 City Gate Tower of Lingnan is the only Ming Dynasty bell tower in Guangzhou. It stands on one of the highest points in ancient times. The largest and most complete ancient bronze bell in Guangdong is preserved on the tower. The bell is also known as the "forbidden bell", because it is forbidden to be struck without incident.

图注

1. 明初的城楼，完好地保存着官式建筑的端丽庄严
2. 城楼中开拱形券门洞
3. 二层正中悬挂一口明洪武年间铸造的青铜大钟
4. 古朴清幽的岭南第一楼一角

在广州的母亲河流溪河的弯道上，木棉村一直是 **繁华** 的码头、市集及人居所在，而五岳殿相传自宋开村后便存在。

体现明早期建筑风格的五岳殿，是珠三角平原上罕有的山神道场

Reflecting early Ming Dynasty architectural style, Wuyue Temple is a rare Taoist temple of Mountain God in the plains of the Pearl River Delta

<< 广东省文物保护单位

2002.07 第四批

五岳殿

Wuyue Temple

年代：明 — 清
地址：广州市从化区太平镇木棉村

Date: Ming Dynasty — Qing Dynasty
Address: Mumian Village, Taiping Town, Conghua District, Guangzhou

In order to worship the Wuyue god of Taoism, villagers in Mumian Village built the Wuyue Temple. It has been rebuilt several times and retains the early Ming Dynasty architectural style. On the 12th day of the first month of the lunar calendar every year, one of the five gods will be invited to the village, for getting rid of demons and bringing home good fortune.

从化木棉村早在宋代便已开村，五岳殿位于木棉村的东阁，相传始建于宋，而根据明确记载，它最早的重修时间可追溯至明代。殿之得名，是因为五岳殿供奉的是道教神话《封神榜》中的五岳神，殿内原本还有水神洪圣、车公、太保等神像，如今所见的木像为 20 世纪 80 年代后复原。

五岳殿坐西朝东，立于花岗岩石砌台基上，主体建筑阔三间 11.5 米，深两进 11.7 米，占地 134.6 平方米，为砖木石结构，人字形悬山顶。整座大殿外观低矮稳重，开间比例和谐，具有很强的韵律感。尽管经历屡次重修重建，五岳殿的外观与木构都保留得较好，从梁架、斗拱、柱式、出挑、开间等方面，仍能一窥明代早期的建筑风格。

来到五岳殿第一进的门前，可见石框大门上刻着“五岳殿”三个金字，纪年款为光绪岁次庚寅（1890），大门两侧还挂有对联“穆穆威灵光万户，绵绵德泽普千家”，联首的“穆”和“绵”二字便取自“木棉”的谐音。第一进为九架抬梁式架构，月梁梁底施丁头拱，垫托梁架的驼峰斗拱用材粗大朴实，驼峰上刻简约的卷云纹。而房屋正面的挑枋，由梭柱伸出后又穿过石砌墙体，下施两跳斗拱以支撑前出檐，这一做法十分特别。

穿过天井，便来到了五岳殿的第二进。第二进为拜殿，面阔与进深皆为三间，脊檩下阴刻有“时大明成化陆年岁次庚寅拾贰月甲辰朔月拾有柒日庚申吉晨重修”的文字，第二间左前柱下部有被替换的痕迹，应该是重修中更换柱础时所作。拜殿神台上，保留着一尊清代汉白玉香炉，这是清同治进士谢廷钧出资修葺五岳殿时留下的，香炉两侧的执手雕刻成狮头，生动活泼。

一直以来，五岳殿的信众香客颇多，香火兴旺。每年正月十二日打醮，村民会将五岳神的其中一位请到村中，以祛妖纳福。到了正月十五，五岳殿又成为人们闹元宵的好去处，殿内，处处张灯结彩，殿外，数十米长的爆竹响声震天，寓意长长久久，压轴好戏——掷彩门开始，殿前绽放火树银花，寓意好彩临门。绚烂的花火映照着古老的殿宇，礼炮不熄，降福不息。

图注

1. 这座并无过多华美装饰的朴素建筑，相传建于宋代开村时
2. 体现明代重修证据的脊檩（大梁）
3. 五岳殿所在的东阁，宗祠众多，前有晒场与风水塘
4. 五岳殿延续了宋代建筑常用的防潮构件木櫍的做法

千年为帝王祈福祝寿名刹，今天人间烟火中古建遗珍

A famous temple praying for the emperor for thousand years and an ancient building treasure surrounded by vibrant urban street life

正如人无永寿，万寿寺也经历了多次的毁坏和变故，从为帝王祝寿的万寿寺，到隐于旧城的长寿寺，唯朴素美好的愿景，是共通的。

<< 广东省文物保护单位

1989.06 第三批

万寿寺

Wanshou Temple

年代：明

地址：广州市增城区前进路

北宋嘉祐年间（1056-1063），鉴圆和尚创立法空寺，寺庙坐落于增城区凤凰山南麓，因一度作为当地官员向皇帝遥祝寿诞的场所，遂改名万寿寺。万寿寺起初供奉如来佛，此后又安设了一尊增城地区有名的宾公佛塑像，在千百年间，占据着广州地区佛教发展史的重要地位。

万寿寺在元末毁于兵燹，明洪武十八年（1385）重建，清乾隆、嘉庆和道光时期均有重修。抗战时期，万寿寺所在的凤凰山作为增江沿线的制高点，遭到日军飞机猛烈轰炸，万寿寺内的大雄宝殿、藏经楼等大部分建筑物都被炸毁，仅有天王殿幸运地逃过一劫，并留存至今。

万寿寺天王殿，坐西朝东，平面呈正方形，面阔、进深均为三间，歇山式屋顶，出檐平缓深远。大殿的隔扇门上阳刻 20 种字体书写的“寿”字，封檐板上刻画着佛教“万”字图案，正呼应了万寿寺之名。

走进殿内抬眼望去，弧形月梁轻盈优雅，斗拱与雀替做法简练，而歇山支柱还保存着元代“减柱造”的特色。天王殿的竖柱均以矮小的方形花岗岩柱础承托，柱身保留了上小下大的收分做法，金柱、檐柱为梭形，而檐柱顶部稍微向内倾斜，角柱相对较高，支撑起粗壮的斗拱……尽管天王殿经历了多次重修，但从这些特征中依然可见元末明初的建筑遗风。

万寿寺天王殿是中国传统建筑从宋元向清代过渡的代表作之一，同类建筑在广东地区已不多见，具有重要的历史价值、艺术价值和科学价值。

天王殿旁，枝繁叶茂的古榕上丝带摇曳，满载人们的美好心愿，寺内还有一口“何仙姑化身井”、一方清宣统年间（1909-1911）重修的“敕赐霞帔何仙姑碑”，印证着增城自唐代起就已在流传的何仙姑传说。如今，新万寿寺于挂绿湖重建，老万寿寺更名为长寿寺，成为市井民居之中一个古朴幽静之地。

Date: Ming Dynasty
Address: Qianjin Lu, Zengcheng District, Guangzhou

Located at the south of Fenghuang Hill in Zengcheng District, Wanshou Temple is a thousand-year-old temple. It has been rebuilt many times. Its main hall is one of the masterpieces of Chinese architecture, showing the transition from Song and Yuan Dynasties to Qing Dynasty. Wanshou Temple represents people's prayers for favorable weather and prosperous nation.

图注

1~3. 保有元末明初风格的天王宝殿，在广东已不多见
4~5. 静谧一角里的明代建筑遗件

这座南汉佛寺昔日就在珠江边上，紧挨繁华的千年古道北京路，
今天的大佛寺仍在繁华闹市中续写传奇。

千年古道上的丛林名刹，隐于红尘里的岁月遗珠

A magnificent temple standing in the Millennium Road and a left-behind historic pearl hidden in the world of mortals

<< 广东省文物保护单位

2008.11 第五批

大佛寺大殿

Main Hall of Great Buddha Temple

年代： 清
地址： 广州市越秀区惠福东路

Date: Qing Dynasty
Address: Huifu Donglu, Yuexiu District, Guangzhou

Great Buddha Temple was built in the Southern Han Dynasty. It was originally one of the five ancient Buddhist temples in Guangzhou. Three large Buddha statues were enshrined in the main hall, so the temple got its name. Nowadays, Great Buddha Temple is a large Buddhist library, which is available to all neighbours and visitors.

在著名的北京路步行街拐个弯，穿过一座刻有“大佛古寺”的石牌坊，短短几步路，便从千年商都跨入了佛门净土。路的尽头，广州佛教“五大丛林”之一——始于南汉的大佛寺，在繁华闹市中展现出一派中兴气象。

南汉君主刘龑好术数崇佛法，在位时醉心于兴建宫殿，在广州城区东南西北四角，应天上二十八宿之数各建七间佛寺，合称“南汉二十八寺”，其中的新藏寺便是大佛寺的前身。寺庙于宋代荒废，元代再建为福田庵，明代扩建为龙藏寺，后为巡按公署，清兵入粤时彻底毁于战火。康熙二年（1663），平南王尚可喜仿照京师官庙制式，在龙藏寺旧址重建佛寺，并聘来当时德高望重的真修和尚为首任住持。

全盛时期，大佛寺占地3万多平方米，有头门、钟楼、鼓楼、韦陀殿、伽蓝殿、天王殿和大殿等建筑，格局完整。时移世易，大佛寺如今仅存大雄宝殿、4方碑刻，以及东面部分廊庑。

大雄宝殿面阔七间、进深五间，殿高18米，由安南王捐赠的巨型楠木建成，经历350年岁月洗礼仍完整无损。大殿采用单檐歇山顶，正脊中心有鎏金葫芦顶，灰塑云龙围绕着正脊两面穿插，生动传神，其他屋脊上塑狮兽。殿内梁枋用材粗大，最厚达70多厘米，上下梁间以如意纹驼峰斗拱承托，造型简朴。释迦牟尼、阿弥陀佛与药师佛的黄铜精铸佛像供奉于大殿之上，以不同手势作说法印、接引印和禅定印。这三尊大佛各高6米、重10吨，在当时便有名联：“人过大佛寺，寺佛大过人”，大佛寺之名因此广为传扬，时称“岭南之冠”。

随着广州城的建设，大佛寺连同历史一起融入了这座城市的现代肌理。而今，大佛寺依旧致力于佛法的弘扬，宏伟的普觉楼在大雄宝殿后方拔地而起，其中便有广东首家面向社会开放的大型现代化佛教图书馆，游人信众在此不仅可祈福参拜，还能畅游书山法海。自南汉1000多年来，大佛在看，人间烟火，不绝。

图注

1. 大佛寺大殿屋檐
2. 气势磅礴的大雄宝殿，正中供奉三尊大佛
3~4. 大佛寺的香火绵延至今

老西关的仁威庙，是老广们的 **老朋友**，
精致的雕刻凝聚了旧时光，温润了乡民们的旧梦。

自宋以来，泮塘乡民相信，北帝的神力护得这方沼地成安居乐业之乡

Since the Song Dynasty, the villagers in Pantang have believed that the divine power of the North Emperor protects this marshland to be their peaceful and comfortable homeland

<< 广东省文物保护单位

2012.10 第七批

仁威庙

Renwei Temple

年代： 清

地址： 广州市荔湾区龙津西路仁威庙前街

Date: Qing Dynasty

Address: Renweimiao Qianjie, Longjin Xilu, Liwan District, Guangzhou

Standing at the end of Guangzhou Xiguan, Renwei Temple presents the belief and expectation on "water" and "North Emperor" of the villagers in Pantang Village. Exquisite carvings in the temple coalesce the old times and warm the dreams of the villagers.

图注

1. 头门上精致的木雕
2. 庙内北帝神像
3. 仁威庙内亦供奉各路神仙
4. 庙内的木雕无不手法精妙

古时广州西关泮塘一带河涌纵横，凭借半塘半陆的地理条件，这里出产的“泮塘五秀”驰名全省，泮塘恩洲十八乡乡民自觉得水神庇佑，一来天时平顺、乡民安居；二来物产所获可喜，居民生活富足，出于对水神北帝的感恩之情、在宋皇祐四年（1052）自发捐建了仁威庙，以敬奉司水之神——北帝，历朝历代，各帝王给北帝的封号越加越长，元代更被加封为“元圣仁威玄天大上帝”，故这座北帝庙，被叫作仁威庙。

仁威庙坐北朝南，面临碧波荡漾的荔湾湖，平面略呈梯形，广三路，占地面积约 2200 平方米。20 世纪 20 年代，乡民们为了避免仁威庙被征用，曾在庙内开办小学；中华人民共和国成立后，仁威庙曾历次为工农业余学校、西村第一中心小学、泮塘小学等各单位使用。经过多次修葺，如今庙宇的主体建筑保留了明清风格，多为硬山顶五花封火山墙，蓝色琉璃瓦当、滴水剪边。整座庙分成了前后两部分：前部为三路供奉不同神仙的殿堂，以青云巷相隔，中路便是北帝坐镇的主殿；后部是横贯前部三路的后巷与斋堂。

北帝司水，在五行中，水与黑对应，于是仁威庙内，随处可见与水有关的纹饰，黑色也统领着庙宇的主色调，其建筑装饰尤为精美：正脊之陶塑为著名的佛山石湾文如壁店所造；木雕、砖雕都极为精美——驼峰、雀替、封檐板、梁枋等木作，无不精雕细琢，各种狮子舞球、龙凤呈祥、鲤鱼跳龙门、八仙及祝寿等等祥瑞图案，皆敷以金箔，满堂华彩。

而殿前天井中那一尊 200 余年历史的镇庙之宝“北帝宝莲圣杯”，多年以来，都是乡民最爱护、最信任之物……泮塘乡民对“水”与“北帝”的信仰，就这么一直延续下来。

时至今日，每逢农历三月初三北帝诞，泮塘乡民们依然齐聚仁威庙，四方八乡亦来捧场，以张灯结彩、鼓乐齐鸣的方式，拉开北帝诞的热闹帷幕。醒狮跃动，北帝巡游，一年又一年的祈愿，北帝，都在看见听见。

长眠于长洲岛的外国友人，
曾是旧时海上丝绸之路的**见证者。**

中外贸易往来和文化交流中，长洲岛的宁静山丘藏着久长的故事

In the exchanges of Sino-Foreign trade and culture, long stories hide deep inside the tranquil hill of Changzhou Island

<< 广东省文物保护单位

2002.07 第四批

外国人公墓

Cemetery for Foreigners

年代： 近代
地址： 广州市黄埔区长洲岛竹岗山

Date: modern times
Address: Zhugang Hill, Changzhou Island, Huangpu District, Guangzhou

Cemetery for Foreigners is located in Zhugang Hill on Changzhou Island of Huangpu District. Foreign merchants and government officials, who died of illness and accidents in Guangzhou in the mid-18th century, are buried here. These brave men came cross the sea in the past, and now rest in peace here forever.

3

4

黄埔长洲岛的竹岗山上，外国人公墓静静藏身于青枝绿叶掩映的数十亩山地中。墓园共筑有三级平台，其间错落竖立着大小不等、语言各异的墓碑，无声地叙述着当年波澜壮阔的传奇。

康熙二十四年（1685），清政府设立粤海关，此后从事海上贸易、外交、传教、邮政、行医、考察等等诸业的外国人均经黄埔进入广州。在漂泊劳顿中，一些外国人客死广州，18 世纪起黄埔的长洲、深井两岛的几座山头便成了政府指定的外国人公墓。

18 世纪中叶，广州进入“一口通商”时期，黄埔古港商贾云集、船舶如蚁、显赫一时。这一时期因疾病和意外而死于广州的来华商人和政府官员剧增，客死广州的英国、美国、德国、西班牙、阿拉伯等外国人，多葬于长洲外国人公墓，其中以深井村竹岗山最为集中。

墓地里，翠竹丛生，曾经大量的墓碑大多被移走或毁坏，修复后现仅存 20 余块。其中一块墓碑由三块花岗石砌筑而成，形似梯状，最上端的一块花岗石为四面棱柱体。碑文刻于底座，正面为英文，背面为中文，内容为“美利坚合众国奉命始驻中国钦差大臣亚历山大·希尔·义华业之墓”。义华业既是外交家、政治家，也是文学家，1845 年作为首任美国驻华公使乘军舰抵达广州，1847 年 6 月 28 日义华业在广州病逝，终年 58 岁。

长洲外国人公墓，是昔日广州作为粤海关所在地，以及“一口通商”这一特殊时期的深刻印记，见证着中外贸易往来源远流长的历史。

昔日漂洋过海的先行者，在此安然长眠，成为历史的守望者。

图注

1. 安静的墓园，静静述说当年的传奇
2. 浓荫遮罩的竹岗山，宁静的外国人公墓
3. 义华业之墓
4. 墓碑下，躺着的是昔日漂洋过海的先行者

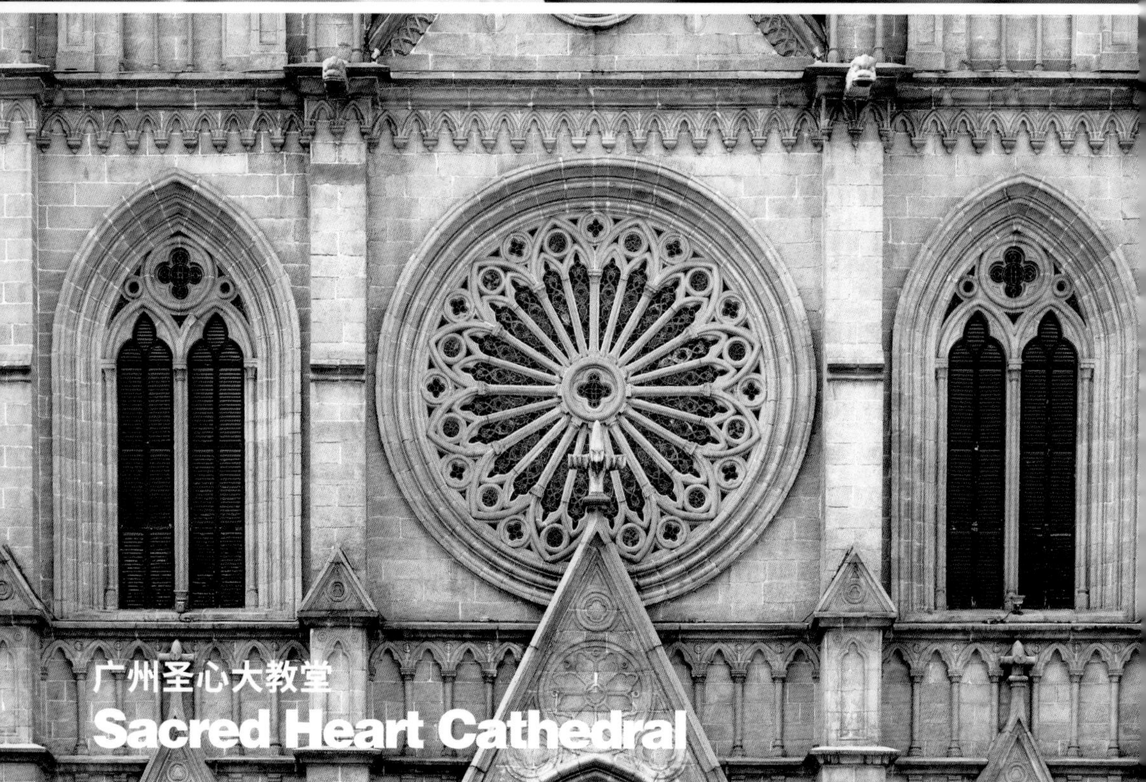

广州圣心大教堂
Sacred Heart Cathedral

广州圣心大教堂耗资 50 万金法郎，坐北朝南的哥特式建筑，
平面呈拉丁十字形，墙壁、柱子全由花岗岩砌筑，
法国工程师设计，广东石匠总管监造，
历时 25 年建成，是近代广州建筑之瑰宝。

图注

1. 温润洁白的神使雕塑
2. 教堂正面的圆形玫瑰花窗
3. 花岗岩制造的墙壁及柱子
4. 阳光透过彩窗，留下斑斓色彩

从空中俯瞰，这座天主教堂呈"十"字，
平面卧于闹市之中，神圣与世俗，在此分割，亦在此交融。

中国工匠完成的宏伟哥特式建筑，中西建筑文化融汇的瑰宝

The magnificent Gothic architecture constructed by Chinese craftsmen and a gem of the fusion of Chinese and Western architecture culture

<< 全国重点文物保护单位

1996.11 第四批

广州圣心大教堂

Sacred Heart Cathedral

年代： 1888 年
地址： 广州市越秀区一德路

Date: 1888
Address: Yide Lu, Yuexiu District, Guangzhou

Sacred Heart Cathedral is a rare all-stone architecture in China, affectionately known as the "Stone House" by Guangzhou people. It was once the tallest building in Guangzhou city. As a Catholic church in Lingnan area, Sacred Heart Cathedral is a miracle of craftsmanship that incorporates local construction into Western-style architecture.

图注

1. 广州圣心大教堂正面
2. 外墙的飞拱和飞扶壁
3. 广州圣心大教堂内部

3

第二次鸦片战争之后，法国政府根据《天津条约》，于1861 年强迫清政府出租被摧毁的原两广总督部堂衙门所在地，以修建天主教教堂。两年后，在这块约 4 万平方米的土地上，由法国天主教巴黎外方传教会主教明稽章主持，全石结构哥特式的圣心堂开始兴建。

教堂的设计仿照了巴黎圣克洛蒂尔德教堂，全部采用来自香港九龙的花岗岩修建，被广州人亲切称为“石室”。圣心堂于1888 年竣工，耗资 50 万金法郎，建成后一直作为天主教广州教区的主教座堂，当时除教堂主体外，周边还建有医院、神学院及中、小学校等房舍，如今尚存教堂、主教府及东侧的颐铎堂。

圣心堂坐北朝南，平面是经典的拉丁十字形，最高处达58.5 米，一度为羊城最高建筑。教堂底层开有三个尖拱券透视门，东西两侧墙下方分别刻有“JERUSALEM1863”和“ROMA1863”拉丁文，记录下 1863 年，明稽章从耶路撒冷和罗马运回象征天主教起源与兴盛的泥土，圣心堂正式奠基的历史。二层有一扇直径 7 米、石雕镂空的圆形玫瑰窗，造型如同光芒四射的太阳。而三层两边均为钟楼，东塔悬挂铜钟组，西塔则安装了机械时钟，在这之上，一对八角形尖塔顶高峻陡峭。教堂内部，两排高耸的纵向束柱把空间分为中厅和侧廊，尖形肋骨十字拱顶气势磅礴，东西两侧墙皆是彩色玻璃高窗，而在墙外，飞拱与飞扶壁凌空斜撑，形成磅礴瑰丽的秩序感。

作为岭南地区、由中国工匠完成的教堂，圣心堂是将本土建筑传统融入西方建筑文化的匠心奇迹：陡峭的屋面下本应是欧式木桁架，却巧妙地运用了中国的抬梁式木构架；胶结材料本应是水泥，实际上却以糯米、桐油、灰浆代替，防水、稳固又节约成本；祭衣间里铺设的是广东大阶砖，更能适应本地潮湿气候；教堂楼顶排水口的滴水嘴兽变身为中式螭首，内部的装饰，也运用了广式木雕的工艺及纹式……

沧桑百年间，教堂也历经过阵痛，抗日战争时期，部分彩色玻璃窗遭遇轰炸被震碎，浩劫当中，部分石墙、石柱、装饰以及教堂内的书籍、木椅也遭损毁。2006 年 10 月，经过两年多的大修，一扇扇彩色玻璃窗再次在阳光下绽放华彩，耗重金复刻的“圣经故事”在石壁上游移，光影如初，如画如幻。

后记

Postscript

“粤读时光”《湾区遗粹（上）》是广东省文化和旅游厅（广东省文物局）全面展现广东文化遗产魅力与风采的出版物，从策划、编撰、成稿、校对、排版、付印直到与读者见面，历时一年有余，至今终于付梓。

本书是在广东全面落实《关于加强文物保护利用改革的若干意见》背景下，由广东省文化和旅游厅（广东省文物局）组织、广州市城市规划设计有限公司参与编撰完成。本书是广东省级以上文物保护单位丛书“粤读时光”的第一卷《湾区遗粹》的上册，共收录了广州市 82 处省级以上文物保护单位（地名名称以文物保护单位名单为准），计文字 8 万余字，图片 400 余幅，从科学性和通俗性的角度介绍了广州市历史文化遗产状貌。本书的出版不仅能为文物研究、保护与利用提供信息资料，也是广大读者认识和欣赏广东文化遗产的优秀读物，对于做好全省文物保护利用工作、弘扬优秀岭南文化、促进文化交流与合作、充分发挥文化遗产综合效益，有着积极的促进作用，相信也将会受到广大专业人员和非专业人士的喜爱。

本书的出版得到了广东省文化和旅游厅（广东省文物局）的大力支持，相关领导多次对本书的编撰给予具体指导。广州市城市规划设计有限公司与广东省文化和旅游厅（广东省文物局）密切合作，高质量地完成了该书的文稿编撰工作。广州市耳文广告有限公司、花城出版社对本书的美术编辑、图片摄制和出版付出了艰辛的劳动。

在此，谨向各有关单位和热心人士表示衷心的感谢。